互联网+地震

——我们如何与地震相处

侯建民　潘怀文　林楚方
中国地震台网中心　今日头条　编著

INTERNET +
EARTHQUAKE

HOW CAN WE GET ALONG WITH THE EARTHQUAKE

地震出版社

图书在版编目（CIP）数据

互联网 + 地震：我们如何与地震相处 / 侯建民等编著 . — 北京：
地震出版社，2016. 2
ISBN 978-7-5028-4730-2

Ⅰ. ①互 …　Ⅱ. ①侯 …　Ⅲ. ①互联网络 — 应用 — 地震预报 — 研究
Ⅳ. ① P315.75-39

中国版本图书馆 CIP 数据核字（2016）第 015236 号

地震版　XM3720

互联网+地震
——我们如何与地震相处

侯建民　潘怀文　林楚方　中国地震台网中心　今日头条　编著

策划团队：张　宏　董　青　周　军　刘素剑

责任编辑：董　青

责任校对：樊　钰　刘　丽

出版发行：地 震 出 版 社

北京市海淀区民族大学南路9号　　邮编：100081
发行部：68423031　68467993　　传真：88421706
门市部：68467991　　传真：68467991
总编室：68462709　68423029　　传真：68455221
E-mail: 68462709 @163.com　　http://www.dzpress.com.cn

经销：全国各地新华书店
印刷：北京鑫丰华彩印有限公司

版（印）次：2016年2月第一版　2016年2月第一次印刷
开本：787 × 1092　1/16
字数：264千字
印张：19.25
书号：ISBN 978-7-5028-4730-2/P (5426)
定价：78.00元

代序 Preface

“互联网+”战略行动计划自从提出之后，已经深刻地影响了广大社会公众的日常生活。各行各业围绕着“互联网+”战略的展开，推出了很多新的行动计划。对于地震工作部门来讲，所遵循的基本宗旨就是最大限度地减轻地震灾害损失，这是地震工作始终为之付出努力的着力点，地震科技工作者一直在为此做多种尝试。

中国地震台网中心是全国地震观测台网观测数据的汇集与处理中心，是中国地震局的核心业务枢纽，也是向社会公众发布地震信息的重要的核心部门。当一个地震事件发生之后，公众所看到的信息，如据中国地震台网测定，某次地震发生在什么位置，它的基本情况如何，都来自中国地震台网中心，由这里发出。信息发出之后，台网中心会相应地作进一步分析，获取与地震震区和灾区相关的信息，这些信息都是社会公众迫切需求的。那么，地震专业部门如何能够将这样的信息向公众快速推送，使公众能快速得到呢？

今天，我们处在互联网的时代，互联网把地震专业部门和社会公众迫切需要知道震情、灾情的需求相联结，达成结合点。近些年来中国地震台网中心一直在寻求和现代媒体的结合与融合，来达成信息的快速传递与推送服务。于是，中国地震台网中心与今日头条一拍即合，成为合作伙伴。

今日头条是具有深刻社会影响的一家互联网媒体，拥有众多的社会公众服务对象。今日头条用大数据分析的方式，从社会公众传递的信息中挖掘整理出很多有利于帮助判断震情、灾情的关键数据和信息，这对于地震部门非常关键和必要，有利于帮助我们获取信息来提升公众服务。

基于这样一些需求和特点，中国地震台网中心和今日头条之间达成战略合作协议，共同深化互联网和地震的融合，也就是通过“互联网+地震”的工作模式，进一步改进地震部门服务信息的种类、方式、途径，使得这样的信息能快速、准确地传递到震区、灾区和关心地震灾害的广大社会公众手中。这样的努力，时至今天，已经取得了很显著的效果。举办“互联网＋地震”论坛，就是讨论如何通过互联网渠道传递信息，以及我们应该传递什么样的信息才能更好地满足社会公众的需求，从而达成最大限度减灾的目的。

当然，要讨论地震灾害，要达成减轻地震灾害的宗旨，我们还有很多路要走，还有很多工作需要关注。此次论坛的主题为“科技、创新、安全、参与”，基本表达了我们将在下一步工作中的发力点和着力点。

今后，中国地震台网中心将继续和今日头条等大型互联网合作，共同致力于推进“互联网+地震”工作模式，探索构建“互联网+地震”战略格局。以期通过两者的深度融合，不断改进地震部门的公共服务，使社会公众能够持续得到更好的服务，达成最大限度减轻灾害损失的目的。

潘怀文

2016年1月

前言 Foreword

我国是全球地震高发的区域之一。进入21世纪以来，我国已发生两次8级以上巨震，其中2008年四川汶川8.0级地震，造成了巨大的人员伤亡和经济损失。面对严重的震情形势，如何用现代新信息和技术手段有效地减轻破坏性地震所造成的危害，是我国迫切需要解决的问题。“互联网+”和大数据为我们提供了无限可能。

2015年12月18日，以“互联互通·共享共治——构建网络空间命运共同体”为主题的第二届互联网大会胜利闭幕，并发布了《乌镇倡议》。使我们深深地感受到：人类因互联网而更紧密，世界因互联网而更精彩。

2015年以来，党中央、国务院对互联网与经济社会融合发展做出了一系列重大战略部署和顶层设计。3月，在《政府工作报告》中提出“互联网+”行动计划；7月，国务院正式发布《关于积极推进“互联网+”行动的指导意见》……

对于地震工作者来说，互联网的发展既是机遇，也是挑战。除了主动应对挑战、积极把握机遇外，我们别无选择。

根据国务院“互联网+”的行动计划，地震工作如何与互联网真正紧密结合？如何利用大数据拓展和加强防震减灾工作？我们如何与地震相处？这是眼下值得我们认真思考的重要问题。

“互联网+”可以有很多的想象空间，但是想“+”在一起也并不容易，需有合作机制，需要大家共同融合，使那些分散在各处的有价值的零散的东西，聚合到一起来发挥自己的能量。

在“互联网+”时代，防震减灾工作必须要有新思路、新举措。不仅是地震预警，包括地震监测预报、地震灾害预防、科普宣传和地震紧急救援等在内的各项防震减灾工作，都需要用科学的理念和思维让它们与互联网进行深度融合。

我们希望本书能够起到抛砖引玉的作用，使更多的防震减灾工作者能够坚持将防震减灾与经济社会建设相融合的思路，摸索出适合不同领域工作内容并更加有效的“+”机制，实现最大限度减轻地震灾害损失的根本宗旨。

编　者

2016年1月

目　录 Content

第一章

“互联网+地震”论坛：应用现代技术，携手媒体力量

人类社会正处在以数字化、信息化为特征的“互联网+”时代，共享网络发展成果、促进行业发展，已经成为当今世界不可阻挡的潮流。对于防震减灾工作来说，互联网的发展既是机遇，也是挑战。我们该怎么应对呢？“互联网+地震”论坛的成功举办，标志着地震系统在探求防震减灾与互联网的深度融合方面，已经迈出了坚实的第一步。

互联网 地震

如何最大程度减少地震灾害造成的损失，一直是社会关注的焦点。实现地震信息的高效传输、广泛覆盖和精准推送，不断提高公众获得地震紧急信息服务的时效，一直是我们努力的方向。

地震信息服务，仅靠地震台网自己的努力还不够，希望更多有社会责任心的互联网平台加入进来。

——“震长”侯建民

中国地震台网中心地震新媒体负责人

“互联网+地震”论坛
开启防震减灾工作新模式

截至2015年7月，中国拥有6.7亿网民，居全球第一，网站总数达413万个；截至2015年10月底，我国移动电话用户规模突破13亿，移动互联网用户数达到9.5亿户。我国已成为名副其实的互联网大国，互联网对我们社会生活的影响程度日益增加。正因为如此，在不可预料的地震灾害面前，必须要充分利用互联网，借力互联网，以实现最大限度减轻地震灾害损失的目标。

2015年11月30日，由中国地震局监测预报司主办，中国地震台网中心和今日头条联合承办，以“科技、创新、安全、参与”为主题的“互联网+地震”论坛活动在北京成功举办。

这次活动是国务院直属单位中首次举办的“互联网+”大型论坛，得到中央网信办大力支持。来自国资委、工信部、民政部等20多家中央部委及相关机构的240多位嘉宾受邀观摩，来自《人民日报》、新华社、中央电视台等主流媒体和有较大影响力的政务媒体的70余家记者到场。著名“童话大王”郑渊洁参与圆桌论坛。中央网信办互联网管理局副局长侯召迅、中国地震局监测预报司司长孙建中和中国地震台网中心主任潘怀文出席论坛。

潘怀文主任在“论坛”的致辞中说，信息化工作是防震减灾事业发展的重要支撑，信息化水平是社会文明进步程度的综合体现。这些年，中国地

震局一直坚持推进防震减灾信息化工作。随着移动互联网技术的快速发展，防震减灾信息网络已从单一支撑地震观测数据传输的通信系统发展为集数据采集、传输、处理分析、信息服务和管理等多功能为一体的综合信息基础设施。信息技术推动了防震减灾业务的发展，信息化建设已成为事业发展必不可少的重要组成部分。

潘怀文主任指出，尽管地震系统信息化建设取得了很大的成绩和进展，但与防震减灾事业发展的需求相比，仍然存在一些问题与不足。信息基础设施仍不完善，网络承载能力和服务能力不能适应日益增长的应用需求，大震巨灾情况下信息化能力不足；信息化与防震减灾政务、业务融合的深度和广度不够，各业务领域的信息化水平发展不平衡，数据分析处理能力较弱，与社会公众需求有很大差距。中国地震台网中心一直在多方努力，积极寻求战略合作伙伴，希望弥补这些问题和不足。

在论坛上，中国地震台网中心与移动资讯平台今日头条达成战略合作共识，双方将发挥各自优势，通过打通数据接口等技术合作，共同缩短地震信息产出与信息抵达地震区域用户的时间，提高地震预警效率，更好地满足社会公众的需求。

中国地震局局长陈建民，副局长修济刚、牛之俊都对“互联网+地震”论坛活动给予了充分肯定，认为举办这样一次论坛是一种新的尝试，酝酿成熟，把握适当，收到了良好效果。业内专家学者普遍对这次“论坛”活动给予高度评价，认为“互联网+地震”论坛“开启了防震减灾工作的新模式”。

互联网技术促进地震信息服务能力的提升

地震波分为纵波、横波，横波是造成损坏和伤亡的"元凶"。利用纵波与横波速度间的时间差以及互联网技术，我们将缩短地震预警的时间，希望可以跑赢地震波。

——中国地震台网中心主任　潘怀文

如何通过互联网技术降低地震灾害损失并进行有效预警，是中国地震台网中心一直致力的工作。

信息科技发展使得手机成为了公众获取信息的移动平台。中国地震台网中心开发建设了地震速报信息手机服务客户端，并根据不同的手机系统分别开发了iOS版、Android 版和WM版，以满足不同社会公众的需求。

自2013年4月起，中国地震台网就实现了自动地震速报，通过手机APP、微博、微信、网站等对外同步发布地震信息。

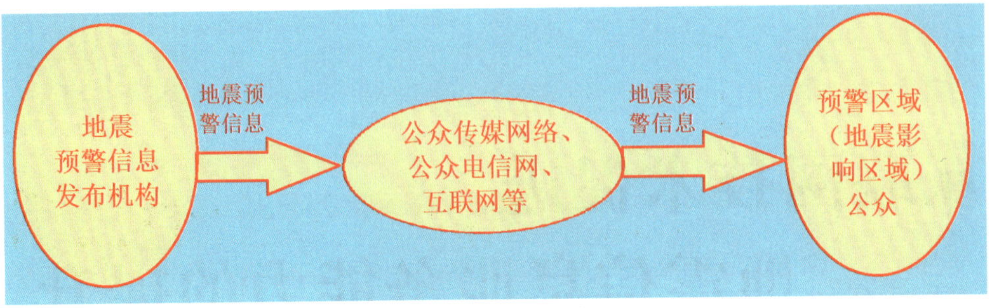

地震预警信息传递示意图

通过与新浪微博、腾讯微博、微信应用平台合作，中国地震台网中心开通了“中国地震台网速报”微博。同时，根据地震信息的不同侧重点，台网中心还开设了地震相关信息服务专题，进行地震速报信息、地震科普知识、地震应急救援等信息的发布，扩大了信息传播范围和影响力，具备了时效性、专业性、权威性等特点，能够在最短时间内传播地震信息，服务公众。

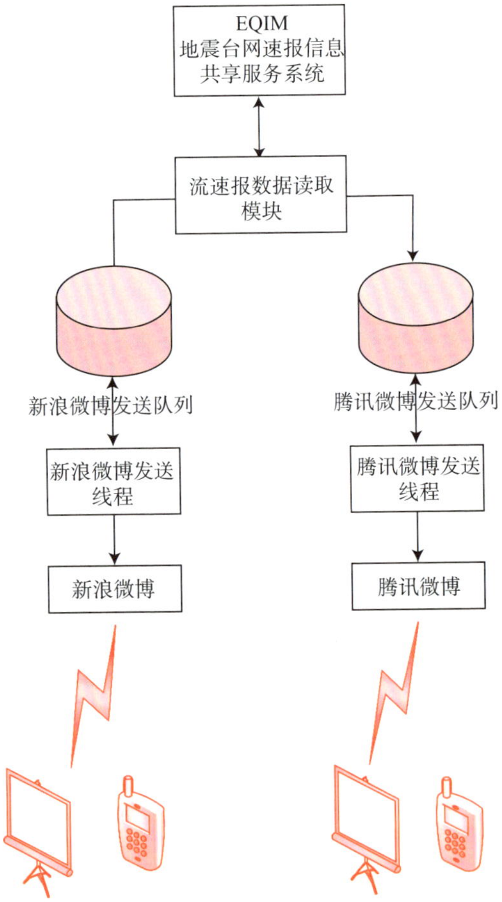

地震速报微博发布系统示意图

中国地震台网中心通过建立一套完善的日常微博运行体系和大震应急信息服务流程模式，包括微博技术支持、参与编发人员以及舆情专家组等，向社会提供地震信息服务。在日常情况下，微博通过自动推送技术发布国内外地震速报信息，包括地震三要素（时间、地点和震级）以及地震科普等知识性博文；在大震应急情况下，除正常发布上述内容外，还组织地震行业内相关技术人员发布大震应急信息，及时播报地震现场的人员伤亡和财产损失情况，组织权威专家进行地震相关问题解读，并结合公众舆情系统反馈的信息，对网民关注度高的相关内容进行科学讲解，正确引导公众舆论。

TOP 10 政务头条号 阅读量排行榜 周榜 新榜 NEWRANK.CN 中国新媒体第一站

#	头条号名称	阅读量
1	中国地震台网速报	3,056,781
2	巴中市人民检察院	2,259,792
3	渭南青年门户网	2,008,756
4	长安剑	1,050,656
5	四川省人民检察院	875,245
6	北京发布	816,457
7	叙永县人民检察院	593,955
8	平安太原	495,657
9	西安蓝田公安	476,549
10	上海发布	431,159

今日头条近期发布的“政务头条号阅读量排行榜”

地震信息服务，仅靠中国地震台网中心自己的努力还不够。因此，期待更多有社会责任心的互联网平台加入进来。

2015年年初，中国地震台网中心在今日头条开通了其官方头条号“中国地震台网速报”，借助今日头条的精准推送系统和超过3.3亿的用户覆盖优势，实现点对点的最新地震消息实时送达。

在“互联网+地震”论坛上，中国地震台网中心与移动资讯平台今日头条达成战略合作共识，地震台网将力争缩短地震发生后紧急信息的产出时间，今日头条则将努力缩短将该信息推送至受地震影响区域用户手机上的时间。

潘怀文主任在论坛上表示，下一步，中国地震台网中心将要推出一款“地震速报机器人”。当给出一个地震的参数信息之后，这个机器人可以自

动查询地图信息，自动告诉我们这个地震发生的震中位置附近有多少人口，有哪些村，有哪些城镇，离的比较大的城市距离有多远。这样，就可以帮助判断受这个地震影响的人口到底有多少、附近区域的经济状况怎么样、人口分布情况等方面信息。同时也可以查询在这个区域历史上有没有大的地震事件发生。这些信息都会随着地震速报的信息同步推出。相比目前的自动速报内容，由地震速报机器人自动编写推送的内容将更加丰富。

多方努力进行“互联网+地震”的尝试

我们发现天气信息是刚需，大家都要知道今天的雾霾怎么样；到后天你要出差了，当地有没有大雨，气温怎么变化。其实，我们还会发现，地震信息是刚需中的刚需，是老百姓最急切了解的消息。所以，我们的工作目标之一就是如何满足大家的刚需，如何把最新的地震消息用更快的速度告诉更多的人，这是我们通过“互联网+”进行着的一些做法。

——中国地震台网中心地震新媒体负责人、“震长” 侯建民

为了满足民众了解地震信息的需要，努力把最新的地震消息用更快的速度告诉更多的人，近年来，中国地震台网中心从多个方面进行了“互联网+地震”的有益尝试。

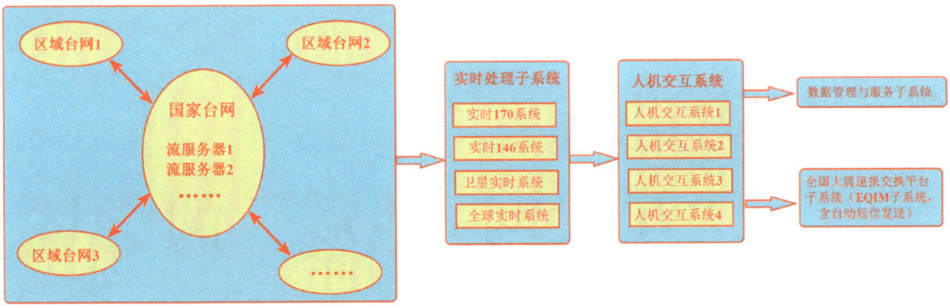

中国地震台网中心技术系统简图

（1）开发地震速报APP

在很多人眼里，APP现在已经很普通了，但是中国地震台网中心刚刚开始做APP的时候是在2009年。那时智能手机还不那么普及，还没有“新媒体”的概念。台网中心的这款APP能够把最新的地震消息推送给民众。用户打开这个APP之后，就可以知道这个地震距自己多远，地震当地的县城、学校、医院，当地的卫星地图，在手机上全部能看到。

2009年，中国地震台网中心先是自己做地震速报APP，随后，“个推”公司加入进来，双方一起合作。地震速报APP是一个公益项目，后台的运营和维护由个推公司负责。整个系统全自动运行，也就是说，地震台网中心确定一个地震的震中参数后，及时推送到个推服务器，由其再推送给用户。现在APP的用户人数已经超过120万。

现在大数据特别火，台网中心工作人员就把大数据加到了自己的APP上。现在，如果发生一个破坏性地震，用户在中国地震台网中心的APP上就可以同步看到地震发生前后人口的分布情况及变化情况。

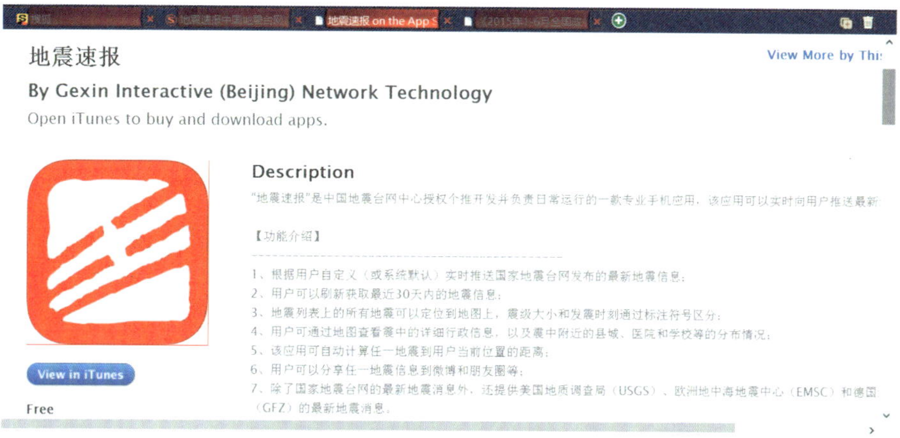

地震速报——中国地震台网官方APP

地震速报截图

（2）利用互联网技术与云计算

大家可能觉得网站太普通了，但是中国地震台网中心的网站有些特殊性。因为地震网站平时访问量不太高，但是遇到大地震的时候网站的访问量会特别高。大家都来访问，网站就受不了，难以满足需求，导致各方都不太满意。

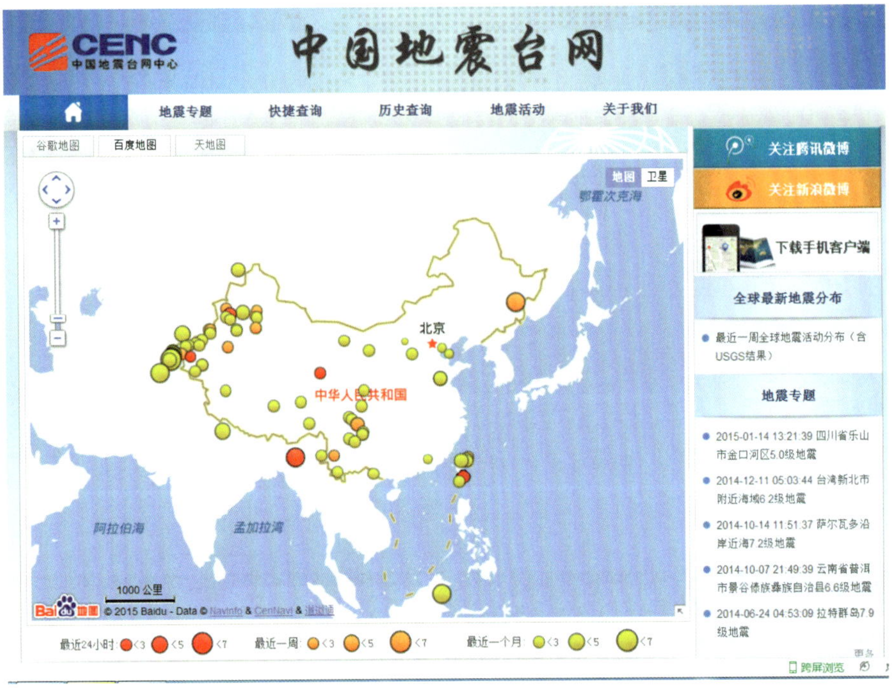

中国地震台网中心网站

为了解决这个问题，就要加大投入。原来用5台服务器，现在变成50台。但是，变成50台就解决问题了吗？事实上，如果遇到影响力很大的地震，500台服务器也不一定够用。所以，现实逼着中国地震台网中心要创新。

于是，台网中心开始尝试利用现在的互联网技术与云计算。2012年，台网中心就把自己的网站整体搬迁到了云平台。那时候，大家可能对“云计算”这个新鲜事物认识的还不太多。台网中心已经勇敢地迈出了这一步。此后，面对海量用户访问，网站再也没有压力了。

中国地震台网中心的这个网站还是零费用，因为它是全自动运行，服务器不用管，内容自动更新。所以，这个网站和台网中心的APP一样，全自动、无成本运行。地震台网中心这个网站，也是第一家中央单位把自己的业务放在云平台上的一个创新实践。这个网站访问量是非常高的，它在全球中文网站中排名5000名左右。

当遇到突发大地震或重大事件时，台网中心会在网站上建立地震专辑或大事件专辑，集中反映地震震中信息、地震基本信息、余震统计、受灾情况、应急处置、地震救援、地震科普和现场图集等。同时要求做到信息内容科学准确、及时跟踪地震最新情况、随时发布更新震情灾情，为公众提供权威准确的地震信息服务。

针对国内外发生的高震级、有人员伤亡的地震，还要特别制作地震专题。如针对国内特别制作的专题有："四川省雅安市芦山县发生7.0级地震""甘肃省定西市岷县、漳县交界发生6.6级地震"等；针对国外特别制作的专题有："伊朗发生6.3级地震""伊朗、巴基斯坦交界地区发生7.7级地震"等。同时为了纪念防灾减灾日，宣传防灾减灾科普知识，还会特别制作"防灾减灾日专题"等专辑，在每年"5·12"期间进行重点宣传。

中国地震台网中心芦山7.0级地震专题

（3）充分利用微博平台

“互联网+地震”大型论坛活动来了很多嘉宾，也是因为台网中心的工作人员通过微博和大家成为了好朋友。

中国地震台网中心的微博有几个重要的特点：第一是自动运行，就是自动发布这些地震消息。大家知道，最近“自动新闻”“积极新闻”这些词汇比较流行。其实，中国地震台网中心的微博早于美联社、早于新华社。台网中心的微博是一个自动写作的媒体，在2013年的时候已经实现了这个功能。

中国地震台网中心的微博

目前，中国地震台网中心通过微博平台实现了地震速报的自动发布，并同步发布到了《国资小新》《民政微语》《人民日报》《央视新闻》等多家部委和中央媒体的官方微博上，实现了大地震实时消息在微博平台上的全覆盖。

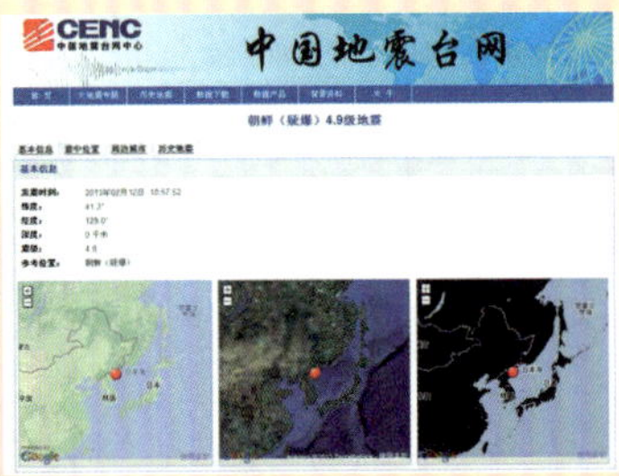

朝鲜第三次核试验
（中国地震台网截图）

台网中心的微博不仅仅经常将大地震

信息推送给客户，对于一些与地震监测有关的特殊事件，比如“朝鲜第三次核试验”“天津爆炸”之类的信息，也会实时推送。在传播“天津爆炸”信息的过程当中，台网中心的微博发布的权威数据被美国CNN、英国BBC在发布相关新闻消息时引用。

（4）牵手互联网企业

为了服务更多的人，中国地震台网中心想让更多有责任心的互联网企业加入进来，于是有了和今日头条的合作。

中国地震台网中心和今日头条合作，就是看中对方庞大的用户群体和它的技术优势——今日头条已经有3.5亿用户，中国⅙的网民，相当庞大。它是一家以技术为主的资讯客户端，它的平台优势和技术优势引起了台网中心的兴趣，所以双方的合作水到渠成，一拍即合。

中国地震台网中心把权威地震消息实时传给了今日头条，今日头条利用平台优势和精准定位，又将地震信息非常精准地推送给了用户。如果这个地震发生在你身边，你就会收到消息推送；不受这个地震影响的用户，就不会被打扰。

可以说，中国地震台网中心和今日头条是一种双赢的合作，老百姓也需要。

后来，台网中心又把自己需要的消息服务方式和合作模式，从今日头条复制到“支付宝”、微博、腾讯新闻客户端、凤凰新闻客户端、《澎湃新闻》等一些大型的互联网合作伙伴。

因为地震消息非常重要，那么多人有需要，台网中心在把独家权威消息给了众多的互联网平台之后，又建了自己的开放平台，把地震信息规范结果放在这个平台上。只要按照台网中心要求的规范，任何人、任何机构都可以无偿使用。

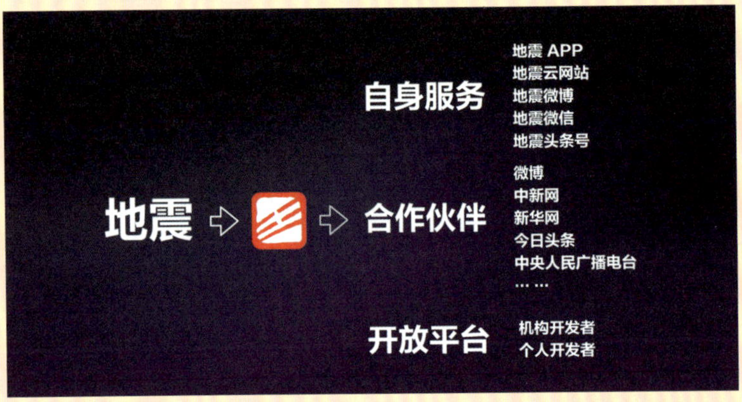

现在，一旦当地发生、地震台网监测到这个地震，确定了地震参数，台网中心就会通过现有的服务体系，迅速地传达给各个大服务平台，通过合作伙伴各自的开放平台，实现地震消息的自动送达，自动覆盖了数亿用户，完成了在汶川地震时做不到的事情，这是地震台网这几年的一个变化、取得的一个进步。

除了继续“用心”为网友提供服务外，中国地震台网中心还进一步提升地震速报数据的产出速度和精度；另一方面，“和更多的互联网平台进行深入合作，借助社会力量，扩大影响”。而这些改善计划，都是奔着一个目标——提升网民防震意识，提高公众减灾能力。

对地震大数据中“人”的关注非常重要

“互联网+地震”，不仅仅是单向的地震信息服务，还是“地震+互联网”。老百姓通过互联网，可以给我们的防震减灾工作提供很大的帮助。

地震大数据里最重要的一个核心是“人”。我们在谈论地震大数据的时候，重点还是要关注人的情况——他在什么位置，他什么时候在这儿，他所在地的震感有多强，他看到的现状怎样……这是我们对地震大数据中“人”的关注。

中国地震台网中心的地震大数据在这方面做了很多积极的尝试，取得了不错的社会效应，比如在如下三方面的应用。

第一个大数据的应用是网友的震感分布。为什么台网中心特别看重这一点？大家知道，2008年汶川地震发生的当天下午，全国很多救援物资、救援力量都向汶川聚集。其实，出乎预料的是，当时受灾比较严重的是北川，这是当时人们不清楚的情况。如果地震发生在现在，老百姓就可以把当地的震感通过互联网实时反馈给中国地震台网中心，那么，工作人员就可以动态分析震感的分布，就能使地震救援工作更加有针对性，更加科学。

第二个大数据的应用是通过网友获得现场资料。大地震发生以后，专业

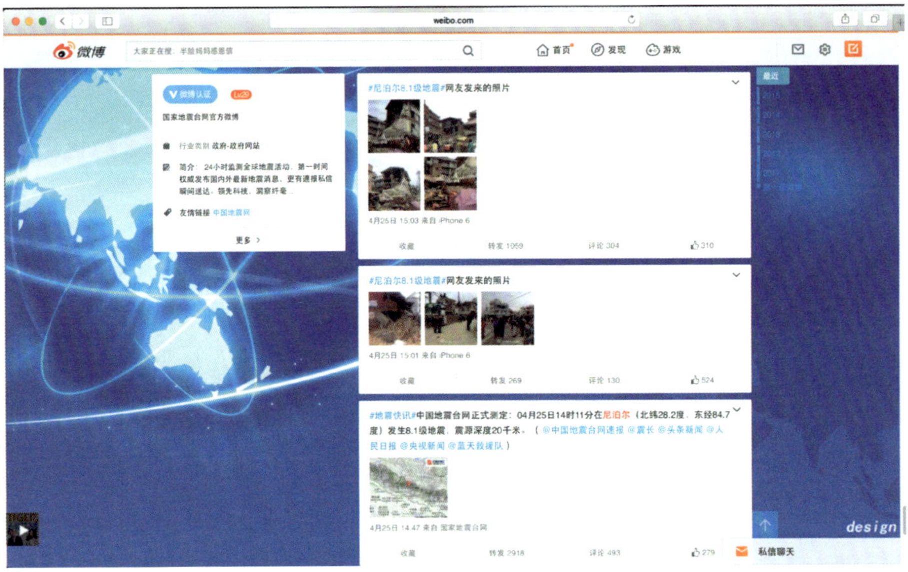

通过互联网、依靠网友是获得现场资料的一个重要途径

救援力量到达现场是需要时间的。刚刚发生地震的时候谁在现场呢？是老百姓。当地的老百姓如果通过互联网把看到的现况和破坏情况实时反馈给地震部门，就非常便于地震应急指挥部门响应应急机制，调配救援力量。在尼泊尔地震和新疆皮山县6.5级地震中，台网中心均收到来自网友的上千张现场照片，从而了解了地震的破坏结构、破坏程度，这对随后开展的救援工作非常有帮助，价值很大。

大数据的第三个应用是地震热力图。地震发生之后，人是最受关注的因素，比如某一个县有几万人，这几万人在哪儿，以前不清楚。有了互联网，

就可以通过大数据了解人的位置，震中周边有多少人，密集程度如何，什么时候在这儿，什么时候不在这儿……“地震热力图”是台网中心和个推公司合作的对地震大数据的比较好的应用。

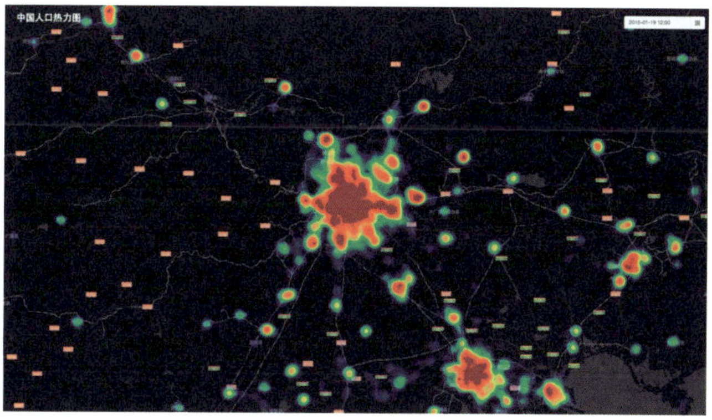

北京及周边地区人口热力图

下面我们看一个例子。我们知道，北京市京津冀一体化正在加紧实施，有一个大前提就是北京人太多了。多到什么程度？红到发紫的是北京市区，它下面的红色区域是天津，右下角的红色区域是唐山。

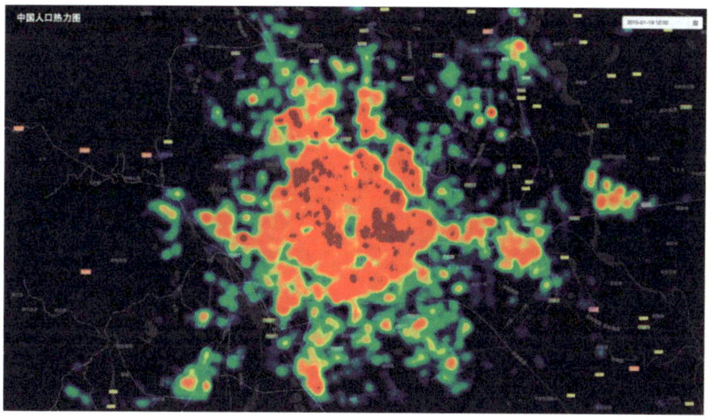

北京市人口热力图

从稍微放大一些的图中可以看出，北京市五环六环内聚集了大量人口。

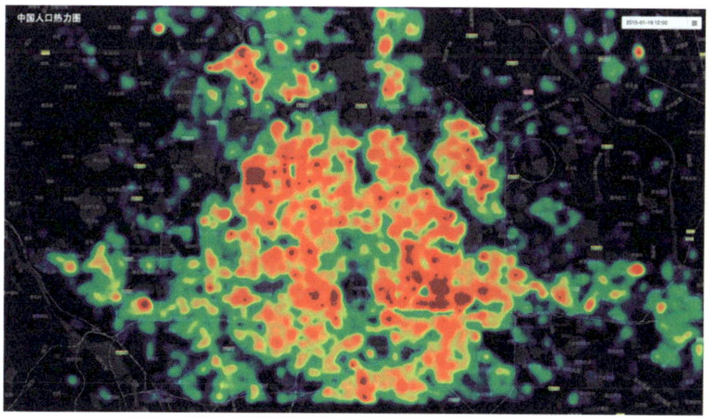

2015年某日12时北京城区人口热力图

再放大一些，可以看出CBD、西单和中关村区域人口密集。

如果把这种热力图和地震结合起来，无疑将非常有益于科学救援。

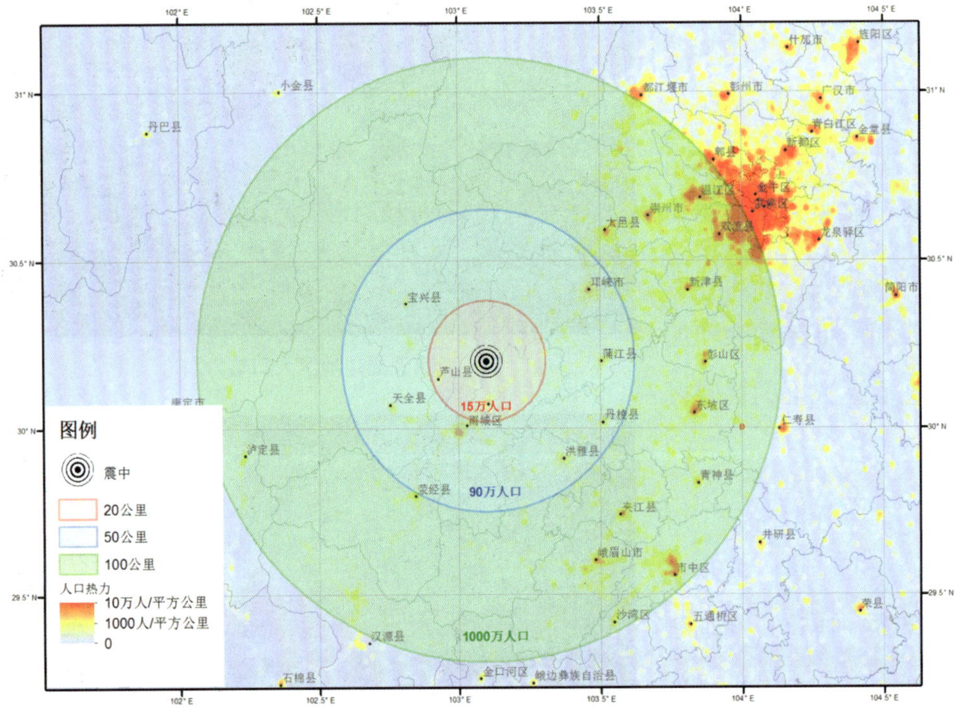

芦山地震热力图

我们再看看芦山地震的情况。经过分析和初步的大数据挖掘，专家发现，在芦山地震震中周边20千米内，有15万人口；50千米内，有90万人口；如果扩大到100千米内，有1000万人口。通过这种实时数据的支撑，地震部门可以对这次地震的直接影响人口、间接影响人口有一个直接的判断和评估，会方便后续的抗震救灾工作。

总之，基于互联网人口实时绘制的地震热力图在大地震应急救援时能起到非常大的作用。亿万网民通过互联网，也能为地震应急和救援提供帮助。海量网民及时反馈的震感分布，弥补了地震动纯理论模型的不足，这正是互联网带给地震工作者的便利。有了互联网，地震部门和民众之间的联系更加紧密了。

本世纪破坏性大地震是不是明显增多了

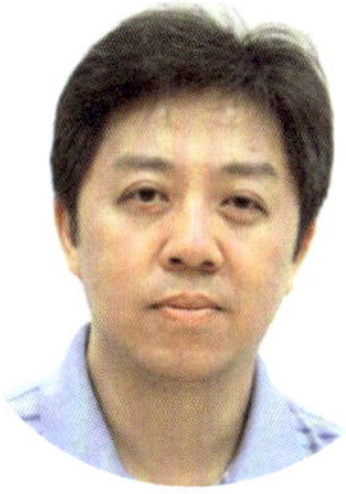

国内外科学家都倾向于认为，本世纪以来的强震活动基本上是和20世纪前半叶类似的；相比20世纪后半叶，要明显多了很多，因为大地震多了，它的影响就大。

——中国地震台网中心研究员　蒋海昆

“互联网+地震”论坛吸引了众多人到场，说明社会公众对公共安全尤其是地震安全的极大关注。在论坛上，作为承办方之一的今日头条，基于自身大数据优势发布的“地震大数据”报告，详细分析了网民当前对地震的关注程度以及这些网民的群体特征，挖掘出了网民最为关注的几个关于地震的问题。网民最关注的主要问题之一是：“最近这些年地震多了”。中国地震台网中心研究员蒋海昆通过历史数据分析和地震活动规律，解读了网民关注的焦点问题。

从1900年以来全球8.0级以上大地震震级随时间的变化关系图中可以看出，21世纪以来，全国8.0级，尤其是8.5级以上的大地震，较20世纪后半叶明

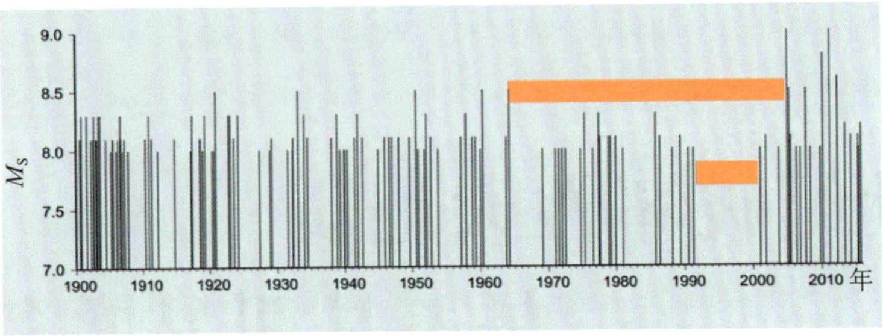

1900年以来全球M_S≥8.0地震M-t图

显活跃。

上图的横轴是时间，纵轴是震级。从较长的黄色条带可以发现，自20世纪60年代至2014年12月，全球没有8.5级以上的巨大地震。全球地震活动以2004年12月26日苏门答腊8.7级地震为标志，进入了8级地震活动的高发期，到目前为止共发生8级以上地震15次，9级以上地震2次。国内外科学家都倾向于认为，21世纪以来的强震活动，基本上是和20世纪前半叶类似的；相比后半叶，要明显多了很多，因为大地震多了，它的影响就大。

也就是说，近年来，大地震明显增多了，造成的灾害也明显增加。

根据地震学上的一个统计规律，即古登堡－里克特关系式，大的地震多

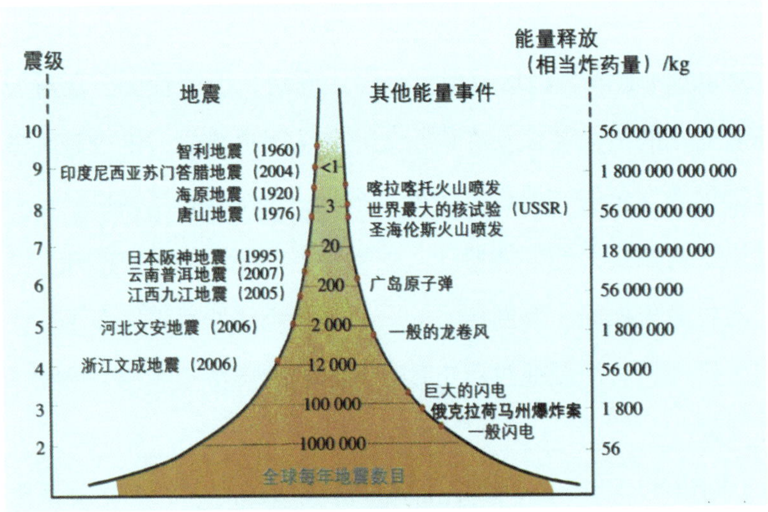

地震震级和频度之间的关系

了，整个地震次数会跟着增加。地球上每年约发生500多万次地震，也就是说，每天要发生上万次地震。不过，它们之中的绝大多数或震级太小，或发生在海洋中，或离我们太远，我们感觉不到。包括地震灾害在内的所有自然灾害，都有这样的规律：灾害越大，发生的频度越低，重复的周期越长；灾害越小，发生的频度越高，重复的周期越短。对人类造成严重破坏的地震，即7级以上地震，全世界每年大约有一二十次；像汶川那样的8级特大地震，每年大约一两次。

20世纪至今世界特大地震（前17位）

	Location	Date UTC	Magnitude	Lat.	Long.	Reference
1.	Chile	1960 05 22	9.5	-38.29	-73.05	Kanamori, 1977
2.	1964 Great Alaska Earthquake	1964 03 28	9.2	61.02	-147.65	Kanamori, 1977
3.	Off the West Coast of Northern Sumatra	2004 12 26	9.1	3.30	95.78	Park et al., 2005
4.	Near the East Coast of Honshu, Japan	2011 03 11	9.0	38.322	142.369	PDE
5.	Kamchatka	1952 11 04	9.0	52.76	160.06	Kanamori, 1977
6.	Offshore Maule, Chile	2010 02 27	8.8	-35.846	-72.719	PDE
7.	Off the Coast of Ecuador	1906 01 31	8.8	1.0	-81.5	Kanamori, 1977
8.	Rat Islands, Alaska	1965 02 04	8.7	51.21	178.50	Kanamori, 1977
9.	Northern Sumatra, Indonesia	2005 03 28	8.6	2.08	97.01	PDE
10.	Assam - Tibet	1950 08 15	8.6	28.5	96.5	Kanamori, 1977
11.	Off the west coast of northern Sumatra	2012 04 11	8.6	2.311	93.063	PDE
12.	Andreanof Islands, Alaska	1957 03 09	8.6	51.56	-175.39	Johnson et al., 1994
13.	Southern Sumatra, Indonesia	2007 09 12	8.5	-4.438	101.367	PDE
14.	Banda Sea, Indonesia	1938 02 01	8.5	-5.05	131.62	Okal and Reymond, 2003
15.	Kamchatka	1923 02 03	8.5	54.0	161.0	Kanamori, 1988
16.	Chile-Argentina Border	1922 11 11	8.5	-28.55	-70.50	Kanamori, 1977
17.	Kuril Islands	1963 10 13	8.5	44.9	149.6	Kanamori, 1977

从上表美国地质勘探局国家地震信息中心公布的数据来看，进入21世纪后，尤其是2004年以来，特大地震占了6个，说明21世纪大的地震明显增多。这是大家感觉最近地震多了的一个重要原因。

这个趋势并不意味着很可怕。因为从一个百年尺度来说，目前地震确实多。但是从统计的角度来讲，地震是有起伏的。

可以看到，这个表的时间跨度是1900年到2015年，共115年。而整个人类

的历史是上百万年，地球的历史是几十亿年。所以，这100年的变化并不能说明什么。

有学者认为，全球正处于地震活跃期，近年来的地震较多属正常情况，并未超出历史常规。从历史来看，近年来发生的地震并不特殊。1950年到1964年全球地震活动比最近10年还要强烈。从全球角度讲，未来一段时间全球强震活跃态势还可能在数十年时间尺度上继续延续。甚至“未来五年或更长的时间内，全球仍是地震活动高潮时期”。

另一方面，这些年来，我们的监测能力有了较大幅度的提高，台网分布越来越多，信息传输越来越快。因为能监控到的地方多了，能监测到的地震数量就多了，而且传播也比较快，比如在朋友圈一扩散，人们就明显地感觉到地震数量增多。

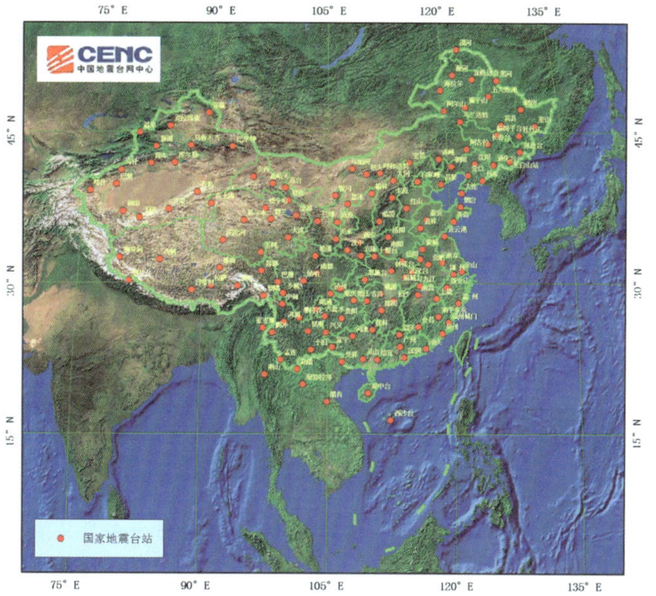

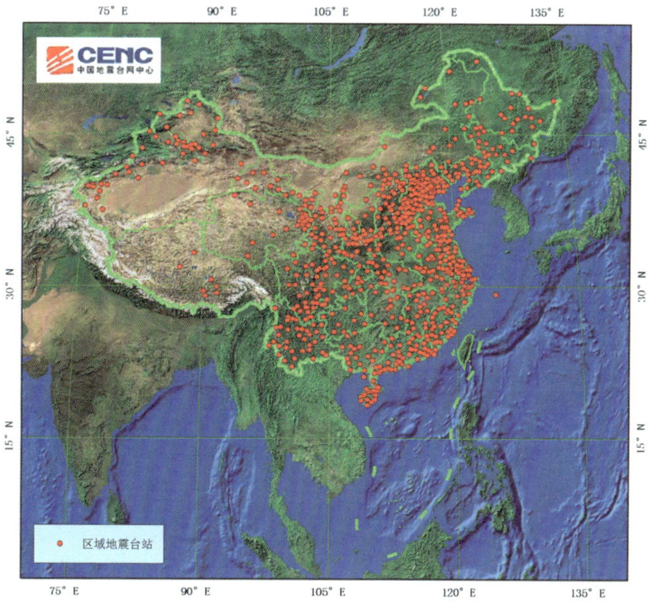

我一直想为地震事业做点什么

我个人心里一直有个愿望，就是我们能够为地震事业做点什么。

——今日头条副总裁　林楚方

在“互联网+地震”论坛上，今日头条副总裁林楚方讲述了自己对地震的感触。他首先和大家分享了关于他个人的一个小经历。

林楚方只有几个月大的时候，就赶上了一次地震，就是1976年的唐山大地震。不过当时他不在唐山，而是在天津。妈妈后来告诉他，当时是她抱着他从窗户跳出去的。那时家里住的是平房。后来林楚方意识到：能够经历这么大的灾难不受伤亡，算是十分幸运的。

很多人对唐山大地震中的天津伤亡情况了解不多，包括林楚方本人从前知道的也不多，直到他在天津工作过一段时间后。他当时的办公地点在泰安道，一次，林楚方走到泰安道的尽头，到南京路与成都道的交叉路口，无意

天津市抗震纪念碑

中发现了一个建筑：抗震纪念碑。

林楚方问天津的一些老同事：“为什么天津会有这样的一个抗震纪念碑呢？”同事们告诉他，当时唐山地震的时候，天津是非常严重的灾区。只是大家更多的记住了唐山，却很少记得他的家乡——天津。天津有很多人在地

头条 今日头条 你关心的 才是头条

今日头条是一款基于数据挖掘的推荐引擎产品，它为用户推荐有价值的、个性化的信息，提供连接人与信息的新型服务，是国内移动互联网领域成长最快的产品服务之一。它由国内互联网创业者张一鸣于2012年3月创建，于2012年8月发布第一个版本，截至2015年10月，今日头条累计激活用户数达3.5亿，日活跃用户超过3000万。

震中伤亡。

后来，林楚方见到中国地震台网速报微博负责人、中国地震台网中心数据服务部副主任、“震长”侯建民的时候，就想：“像我们今日头条这样的公司，有那么多的程序员，有那么雄厚的技术力量，我们一定要做一些防震减灾方面的工作，这些工作可能看上去和我们的主营业务无关，但是一定是有利于这个社会的公益、有利于更多人福祉的一些工作。”

林楚方的想法得到了公司程序员的支持，他们非常希望能够将自己的程序、技术，包括在手机上的技术，服务于防震减灾这样一项光荣而艰巨的事业。经过一段时间的尝试与合作，终于促成了这次盛大的“互联网+地震”论坛活动。

透过今日头条大数据看地震

从我们的今日头条数据来看，在过去一年中，人们关注度最高的自然灾害是地震，接下来是台风、洪水。

——今日头条副总裁　林楚方

在“互联网+地震”论坛上，今日头条副总裁林楚方介绍了地震信息在今日头条是以什么样的方式来传播的，是以什么样的数据来体现的。

林楚方简单介绍了“头条”的原理。“头条”系统能够关注每一个用户、每一个ID在“头条”上的每一个行为。网友的点击、收藏、分享，包括网友阅读这条资讯的时间，它都能记录下来。这些记录被公司的数据统计系统处理后，变成了一条一条含有丰富信息量的、特别有趣的数据。

今日头条通过每天对300万用户应用电脑习惯的观察，得到一些数据信息。第一条数据是：过去一年网友关注度最高的自然灾害是什么？答案是“地震”。接下来是台风、洪水。

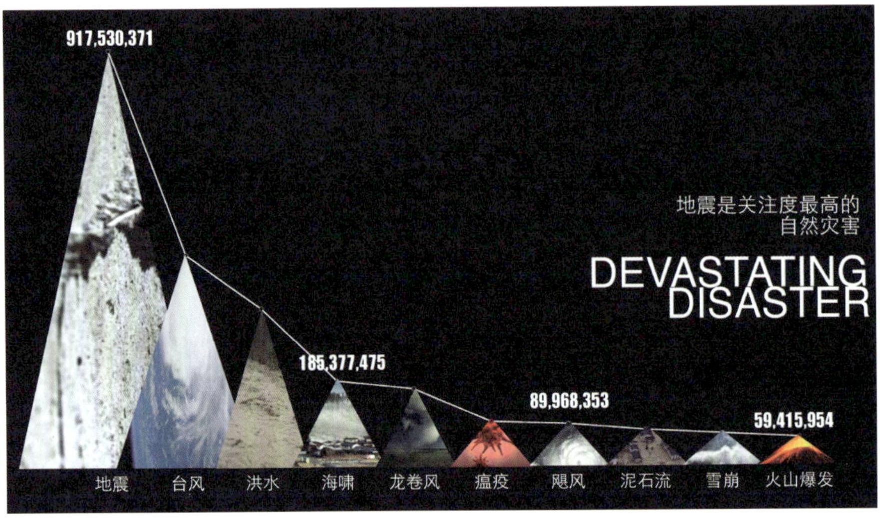

过去一年网友关注度最高的自然灾害

又一条数据：从“头条”上来看，近百年来人类最关注的是哪十次地震。第一个是汶川地震，第二个是玉树地震，唐山地震也在其中，但因为已发生近40年，不像前两个地震那么受关注。其他的几个地震有的发生在中国，也有的发生在国外。

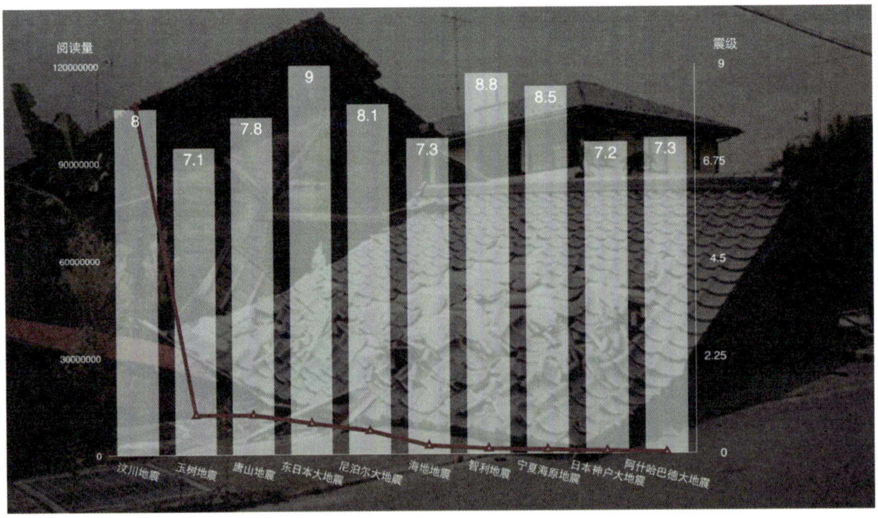

近百年来人类最关注的十次地震

汶川地震后的县城

接下来，我们看一下地震相关资讯在今日头条上受关注程度的变化曲线。从曲线来看，在过去一年里，也就是从2014年的10月到2015年的11月，有两个高峰点，也就是地震资讯受关注最高的两个点：一个点是2015年的4月，另一个点是2015年的8月。

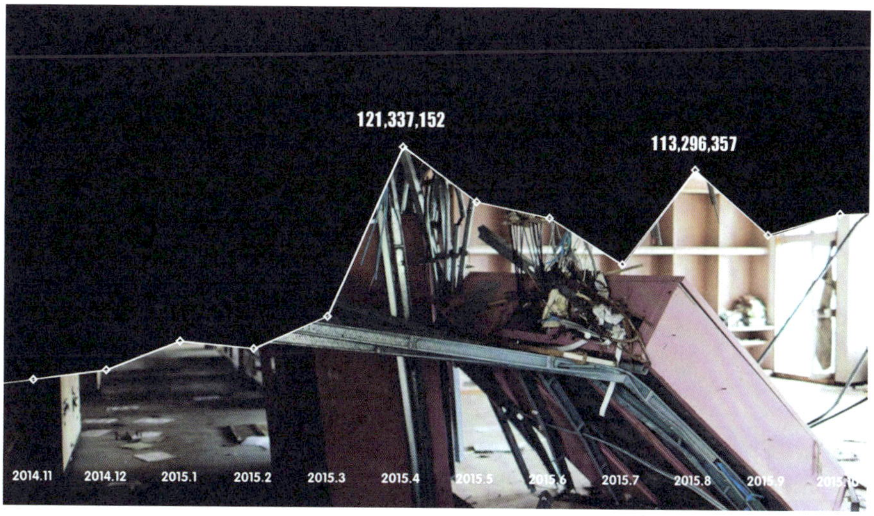

地震相关资讯在今日头条上的关注度变化曲线（2014.11～2015.10）

为什么会形成4月和8月的两个关注高峰点呢？这也是一种比较有趣的现象。4月的关注高峰点，可能与临近“5·12”防灾减灾日人们谈论与地震相关话题较多有关。第二点，就是8月这个点是怎么形成的呢？今日头条的工作人员分析，是因为那个月发生了一次灾难，就是天津的爆炸。很多媒体在报道爆炸新闻的时候，会把这次爆炸和地震的震情结合起来。因为那个爆炸资讯的受关注程度比较高，导致了“地震”词在那个月得到了比较多的关注度。

天津滨海新区爆炸事故微博

接下来看一看，过去一整年有关地震的资讯中，包含“地震”这个关键字的资讯在今日头条上阅读的数据量：超过9亿！

我们对这些数据还能够做一些有趣维度的探讨。比如说，是哪些词经常和“地震”一起出现？就是说，你在看“地震”这个词的时候，它经常会和其他的哪些词一起出现？

今日头条的分析系统给出的答案是：“地球”“妻子”“爆炸”“捐款”“日本”“加德满都”“印度”“科学家”“成龙”“冯小刚”“余

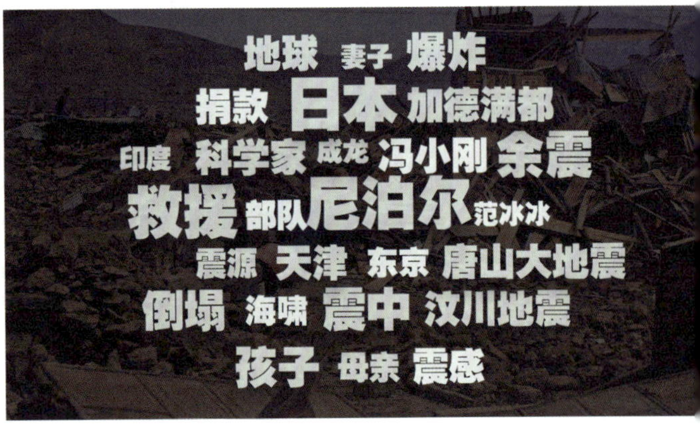

震”“救援”“部队”“尼泊尔”“范冰冰”“震源”“天津”“东京”“唐山大地震”“倒塌”“海啸”“震中”“汶川地震”“孩子”“母亲”“震感”。

这些词看起来好像很熟悉，好像能够解释，又好像不能解释？我们把它稍微地打散了，看看是什么样子。

把它变化一下，会发现这里面有关于国家的——尼泊尔和日本。这是两个地震高发的国家。

关于城市的，第一个是天津，接着是加德满都、东京。后两个与“地震”相关比较大；第一个，还是跟2015年8月的天津爆炸有关。

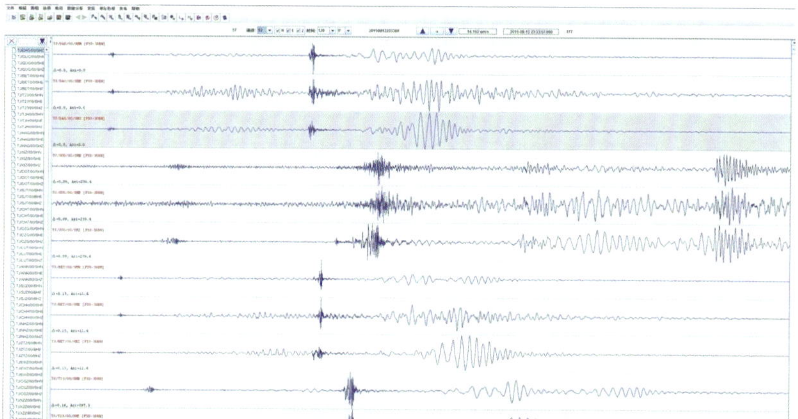

天津爆炸时地震台网监测到的波形

我们看到跟“地震”有关的名称有：“汶川地震”和“唐山大地震”。

在地震资讯里，“妻子”“母亲”和“孩子”这些表示“亲人”的词，跟“地震”一起出现，是比较有趣的现象。你可能会觉得很奇怪：“爸爸”去哪儿了？“爸爸”一词的排名并不靠前，很可能排在20名之外。而“孩子”“妻子”和“母亲”这三个词，跟地震资讯一起出现的频率较高，因为它们最容易打动人内心深处很柔软的地方。

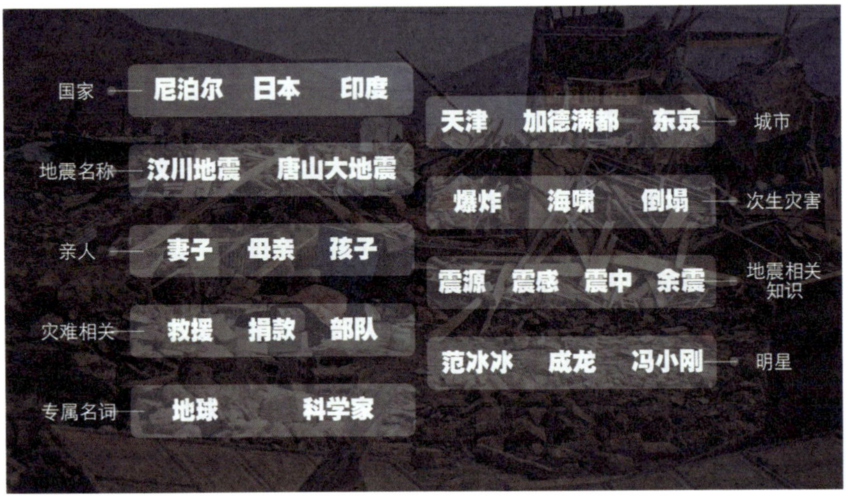

还有“范冰冰”。范冰冰作为一个明星，她的名字跟任何词在一起出现的时候，她的排名都比较靠前。经过数据挖掘得出的结论是，因为地震之后她做了很多公益方面的事。范冰冰参与公益，会带动公益和地震这样的资讯传播。

后面的两个名人：冯小刚和成龙。“成龙”因为公益，“冯小刚”是因为拍了一部很有影响力的电影《唐山大地震》。

电影《唐山大地震》海报

在论坛上，林楚方简要回顾了今日头条跟中国地震台网中心的合作。实际上双方的合作已经由来已久。“地震台网速报”作为一个头条号在今日头条上的表现非常不错，在过去一年里获得的阅读量为210万。210万意味着什么呢？林楚方给出了两个数据：一个数据是，它的平均阅读量是普通的政务头条号的6倍。在“头条”上，有3000家以上的政府头条号，而“地震台网速报”的阅读量，是普通头条号的6倍。第二个数据是，它的分享率是普通政务头条号的3倍、全网的8倍；订阅粉丝数是普通政务头条号的76倍。这个数字很惊人。也许是因为大家对地震资讯真的太关注了。但是，林楚方更认可另外一种原因，那就是由《新闻头条》对它的精准推送导致的。因为地震信息对很多用户来说是刚需，所以它的推送如果精准的话，形成的量就会高，包括大家也会更关注它——其实大家关注的是生命安全。

关于地震，网友最关注哪些热点话题

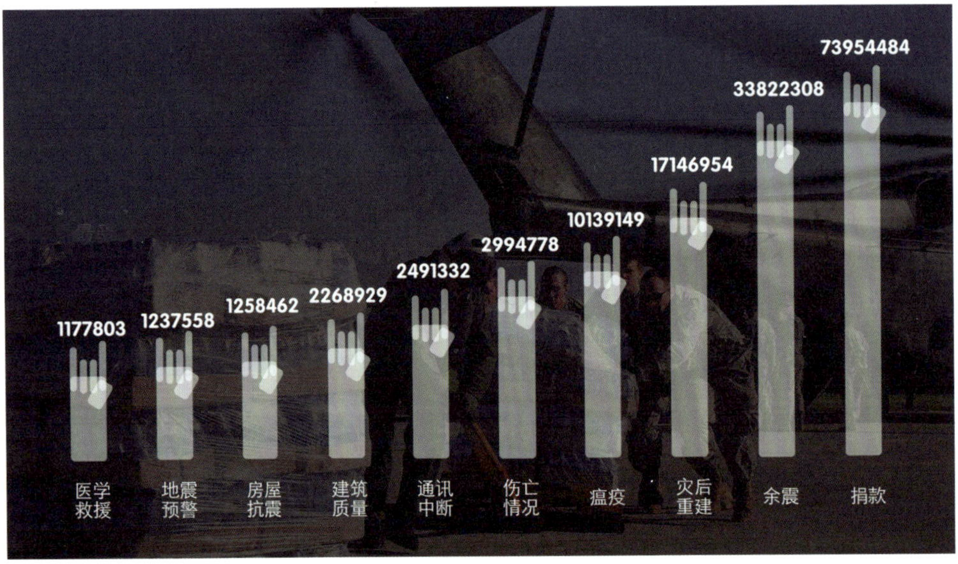

震后最受关注的话题是捐款

今日头条副总裁林楚方在“互联网+地震”论坛上指出，通过对今日头条的分析，我们还可以看出，人们最关注的震后相关话题TOP10依次是：捐款、余震、灾后重建、瘟疫、伤亡情况、通讯中断、建筑质量、房屋抗震、地震预警和医学救援。

“捐款”排在首位，可能出乎一些人的预料。然而，的确，每次地震之后，有关于公益、有关于捐款方面的资讯会特别多、特别集中。这意味着大家都想承担一份社会责任，表达一份爱心。此外，众多名人和明星涉嫌“诈捐”，也引发了很多网友对“捐款”问题的关注。

有关“诈捐”的网上信息

今日头条的大数据显示，截至2015年7月，用户对“房屋抗震”话题的关注度大体上呈逐渐走高趋势。2015年5月达到高峰，2015年7月达到最高峰，相关阅读量超过965万。根据分析，这和2015年7月3日新疆皮山6.5级地震有关。这次地震虽然没有发生大规模的人员伤亡，但是房屋的损失比较大。

房屋抗震关注度变化曲线（2014.11～2015.10）

在日常防震减灾的问题上，最受关注的措施是地震监测，相关阅读量超过300万。其次是应急避难场所，相关阅读量约为105万。

辟谣江西6.9级地震微博

50岁以上的人群最为关注地震辟谣相关的资讯，其次是41～50岁用户，再次是31～40岁用户；台湾地区人民对地震辟谣相关资讯的关注程度领跑全国。

在“互联网+地震”论坛现场，今日头条基于3.5亿用户资料，通过挖掘用户的阅读行为，分析得出了一系列有关“地震”的大数据。这些资料对于我们进一步做好防震减灾工作具有重要的参考价值。

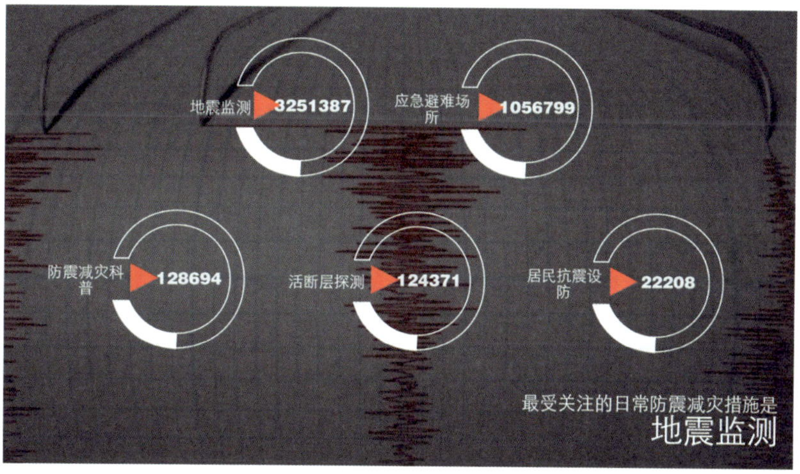
地震监测 3251387
应急避难场所 1056799
防震减灾科普 128694
活断层探测 124371
居民抗震设防 22208
最受关注的日常防震减灾措施是
地震监测

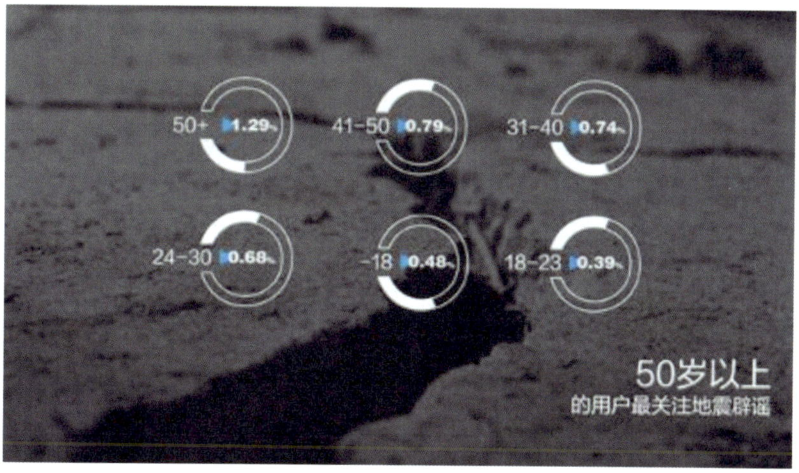
50+ 1.29%
41-50 0.79%
31-40 0.74%
24-30 0.68%
-18 0.48%
18-23 0.39%
50岁以上
的用户最关注地震辟谣

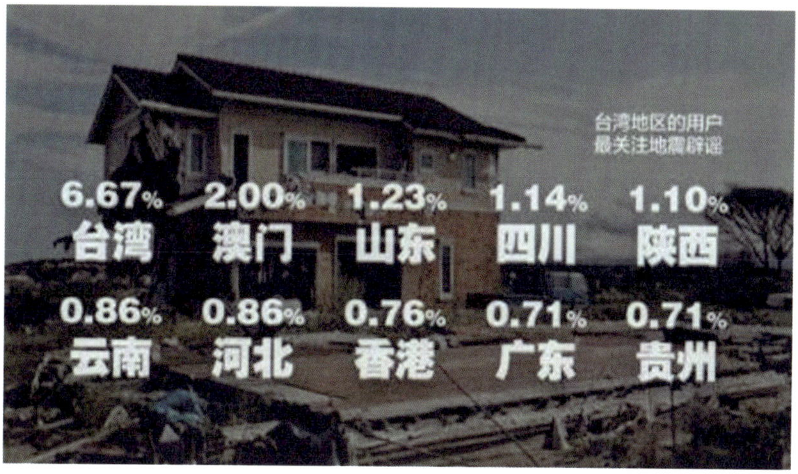
台湾地区的用户
最关注地震辟谣
6.67% 台湾
2.00% 澳门
1.23% 山东
1.14% 四川
1.10% 陕西
0.86% 云南
0.86% 河北
0.76% 香港
0.71% 广东
0.71% 贵州

【背景资料：自然灾害】

灾害是对能够给人类和人类赖以生存的环境造成破坏性影响的事物总称。一切对自然生态环境、人类社会的物质和精神文明建设，尤其是对人们的生命财产等造成危害的天然事件和社会事件——如地震、火山喷发、风灾、火灾、水灾、旱灾、雹灾、雪灾、泥石流、疫病等，都可以称作灾害。

2008年汶川地震后发生的泥石流

按成灾条件，灾害可分为自然灾害和人为灾害两大类。自然灾害是指由于自然异常变化造成的人员伤亡、财产损失、社会失稳、资源破坏等现象或一系列事件，如飓风、地震、海啸、干旱、洪水、火山爆发等。

许多自然灾害，特别是等级高、强度大的自然灾害发生以后，常常诱发出一连串的其他灾害发生，这种现象叫灾害链。比如，地震经常会引发的滑坡、海啸、泥石流等次生灾害。

中国幅员辽阔，地理和气候条件复杂，自然灾害种类较多且发生频繁，除现代火山活动导致的灾害外，几乎所有的自然灾害每年都有发生。

我国是发展中国家，又是一个农业大国，经济实力较弱，对灾害的防御能力和承受能力均较低，灾后重建恢复速度也较慢。因此，我国成为世界上自然灾害很严重的少数国家之一。

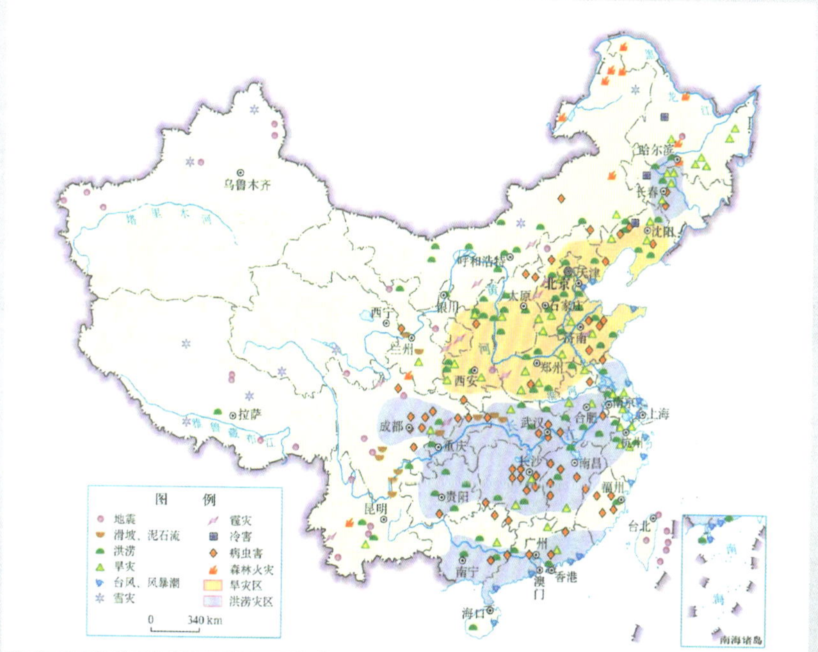

我国自然灾害的分布

地震行业和新媒体能进行什么样的技术合作

2008年汶川地震后我就想：作为一个技术人员，作为一个程序员，我将来能不能为地震预警做些什么，为减少地震恐慌做些什么呢？现在终于有机会真正地把这件事变成现实，去帮助地震预警拯救更多的生命，我觉得这是非常好的事情。

——今日头条首席算法架构师　曹欢欢

今日头条首席算法架构师曹欢欢在论坛上讲解了今日头条是如何与中国地震台网中心进行技术合作的。

曹欢欢首先分享了一件他自己亲身经历的事情。2008年汶川地震的时候，曹欢欢刚好在北京实习，正在微软进行着程序代码的编写工作。突然，有同事问："是不是楼晃了一下？"曹欢欢什么都没感觉到。后来，家里就来了电话，问北京怎么样，说是发生地震了。他这才意识到这是一件很大的事情。据家里人说，在离汶川地震震中1000千米以外的郑州，也就是他的家乡，有明显的震感。在沙发上午睡着，感觉都快摔到地上了，吊灯来回乱晃，家人觉得还是比较恐慌的。

当时，短时间内没有任何信息，也不知道到底哪来的地震。是不是很近？是不是还有更多的余震？……这些都不知道。后来曹欢欢想到：离震中有1000千米的郑州，民众都是这样一种情况，那么离震中只有100千米的成都，民众的恐慌可想而知。

当时曹欢欢就产生了这样的念头：“我作为一个技术人员，一个程序员，将来能不能为地震的预警和减少地震的恐慌做一些事情呢？”当时这个想法只是在他的脑子里一闪而过，没有仔细想。想不到的是，多年以后他真的就有这样的一个机会，来为地震预警做一些事情。

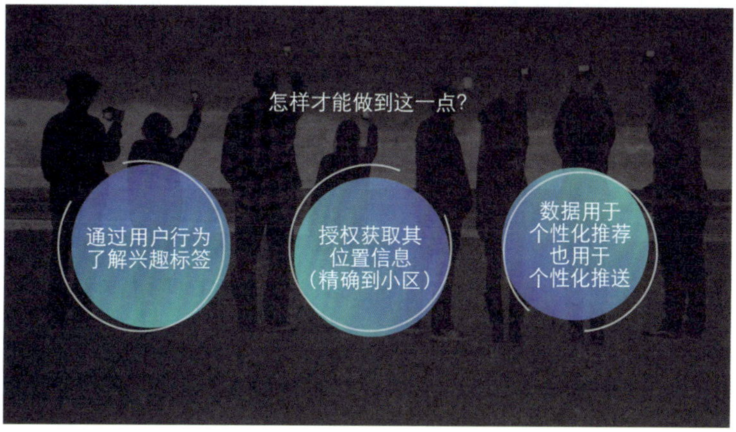

曹欢欢介绍说，个性化推送是“头条”比较重要的一项工作。什么是个性化推送呢？简而言之它是个性化的，个性化推送是把这个信息分发给需要的人，而不是推给每一个人。它跟传统的新闻客户端的推送不一样。传统媒体的做法通常是，一条消息可能全国用户都能收到。今日头条的个性化推送不是，他们只是把消息发给一部分用户，最可能关心这个消息的用户才能收到。

曹欢欢用生动的实例直观地解释了什么叫“个性化推送”。比如说，2015年有一个很重大的娱乐圈新闻，是“教主”黄晓明和Angelababy大婚，所谓的“世纪婚礼”，据说有好几千万人热情关注。这个事曹欢欢其实完全不知道，他也没有收到推送，但是他妻子的手机上收到了，因为她经常看娱乐八卦的信息。

另外还有一件大事是恒大足球俱乐部亚冠夺冠了，终于扬眉吐气了一回。这是三年两夺冠，是一件非常大的事，恒大终于捧起了亚冠的奖杯。曹欢欢得到这个资讯是非常快的，比赛刚结束，他就收到了推送。但是，他的妻子没有收到，因为她对足球完全不关心，这是又一个个性化推送的案例。

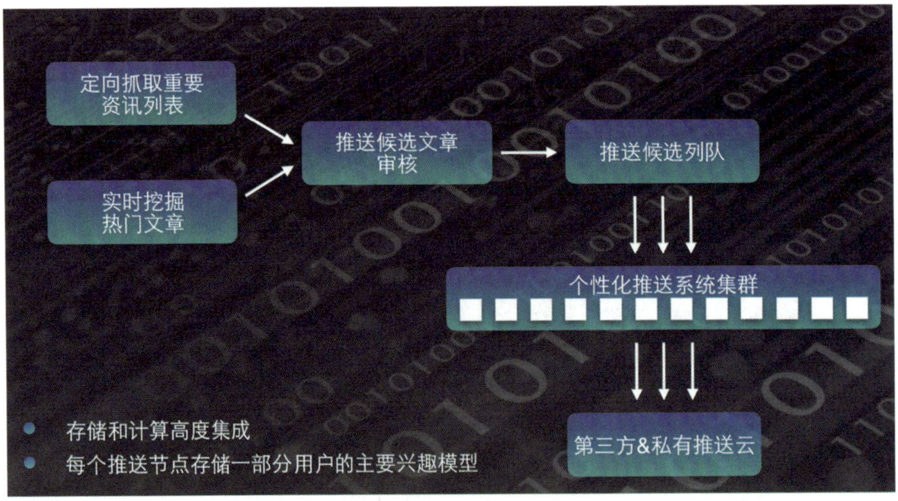

基于用户兴趣模型的推送

再比如，三元桥要有一个大修，旧桥变新桥，24小时内完成。这条消息，曹欢欢收到推送了，因为他住在三元桥附近；但是那些住在离三元桥很远地方的人，比如说住在丰台或天津的用户，就不会收到这个信息了，因为三元桥大修对他们的生活影响很小。今日头条只会把信息推送给需要的人，这就是个性化推送。

今日头条的技术人员是怎么做到这一点的呢？要做到这一点，最重要的就是——要有用户的个性化数据。

其实，“头条”的新闻，每个人每天看到的内容都是不一样的。“头条”每天有3000万个日活跃用户，相当于他们会做3000万份内容不一样的报纸，每份报纸都是根据用户的个性、用户的兴趣专门定制的。所以，今日头条对用户的兴趣了解非常详细：你到底喜欢娱乐还是体育？或者，你喜欢足球，但你是不是只喜欢国外足球，因为你已经被中国足球伤透了心，你从来都不想看中国足球……这些信息从你的阅读行为里边都可以了解到。

另一方面比较重要的信息是地理位置信息，这个是一般用户都会授权让“头条”获取的，因为要给用户推送本地的新闻，跟用户的日常生活息息相关。

“头条”有了用户信息之后，会怎么进行推送呢？曹欢欢简单介绍了“头条”系统工作的流程图。首先要有推送的内容。推送的新闻从哪儿来？一方面，他们会定向抓取一些重要的新闻列表，如各大门户网站，或者国家政府部门网站的头版头条，“头条”要监控，一有新闻出来就第一时刻获取。这些是比较严肃的内容，是新闻类的。还有一种，可能不是很严肃的内容，如微博上的一个热门话题，它可能偏娱乐性，偏八卦类，这些内容“头条”通过挖掘社交网络也会去收集。还有一点重要的，推送是影响面非常大的产品业务，因为一推送就有几十万、上百万人看到这个信息，因此务必要保证信息的权威性和真实性。所以，推送新闻时，由非常有经验的编辑把关，要完全经过员工确认，并且可能是从多种来源交叉确认的方式，绝对不能推送假消息。确认了之后，这些内容就到了一个推送内容的池子。这个内容池子里面，有一个很大的个性化的服务器集群。个性化推送的集群，把这个池子里面的新闻拿出来，找到它需要的一个个受众、用户，推送出去。

曹欢欢还介绍了“头条”的一个推送系统，以便让用户了解“头条”这个精品推送具体是怎么帮助地震预警的。

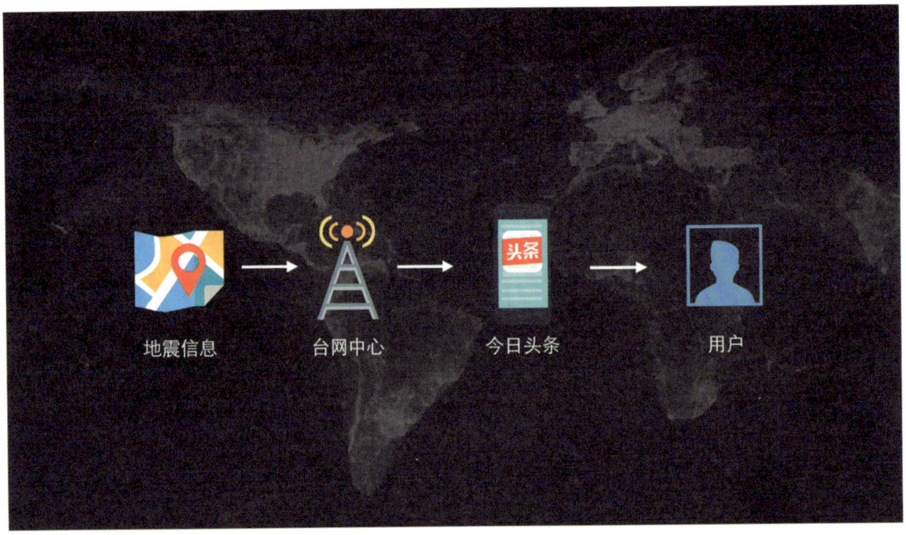

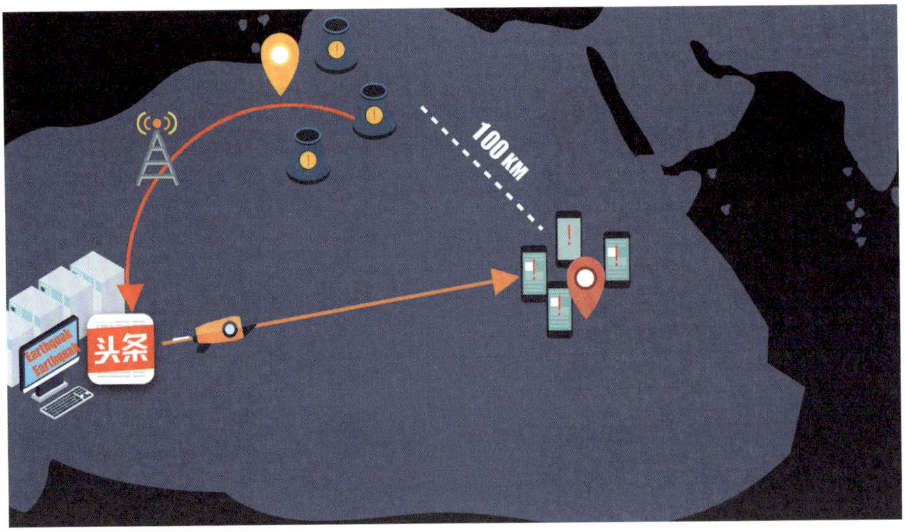

现在我们国家已经有了一些地震预警的试点，将来会全国范围推广。我们有很多完善的传感器的网络，在地震刚发生的时候，也就是在P波传导出来的时候，就能监测到这个信号。台网中心监测到信号后，会把数据实时地发送到今日头条，自动抽发到今日头条这个非常庞大、高效的自由推送系统，然后经由今日头条把这个消息推给关心它的用户。

大家知道，再大规模的信息发布都受网络状况等的限制，包括你要推送多少人。实际上，“头条”现在的平均推送时间可能是远远少于1分钟的，但是最坏情况下确实有时候可能会达到60秒。曹欢欢表示，未来的努力方向是要尽量减少这个时间，尽量把它减少到零，这就是在和生命赛跑。

今日头条从2012年发展到现在，累积用户达到3.3亿，每天实际能接受到推送的用户覆盖超过1亿。也就是说，只要⅙的国内移动互联网用户手机能上网，都能收到“头条”的推送。一旦用户的周边发生了地震，在“头条”跟台网中心的合作上线之后，这些用户都能有一定的预警时间用来逃生。而且，这个覆盖面还在不断地扩大，因为今日头条现在的发展速度非常快。

把基于大数据的精准推送与地震预警相结合，这到底意味着什么呢？

我们知道，地震横波在地壳中的传播速度为3.2～4.0千米/秒，和电磁波30万千米/秒的传播速度相比要慢很多。在破坏性较大的横波到达设防区域之前，如果用户得到地震信息，那么就有机会完成紧急避险，最大限度

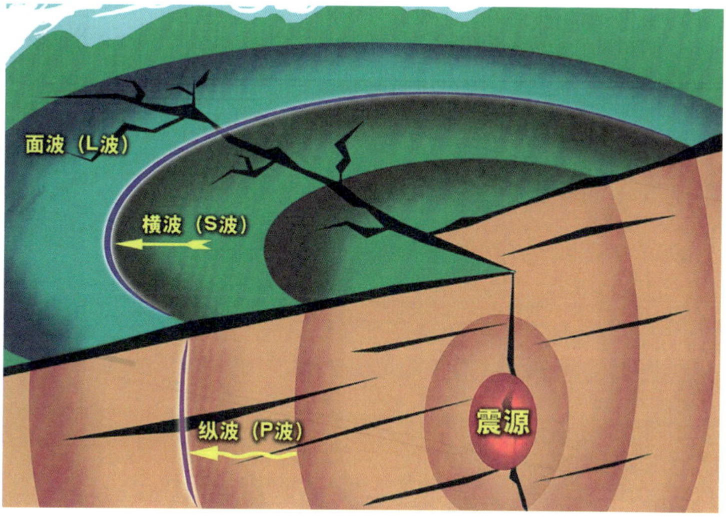

今日头条总编辑夏勇

地降低灾难造成的损失。

研究表明，地震发生时，如果预警时间为3秒，可使伤亡减少14%；如果预警时间为10秒，人员伤亡则可减少39%；如果预警时间达到60秒，人员伤亡则可减少95%。

今日头条总编辑夏勇在“互联网+地震”论坛中表示，地震信息的推送如果在快速及时上做到极致，可以为处在地震影响区域的公众赢得黄金的避险时间。“地震预警，防灾减灾，这就是在‘技术+权威透明的信息’之后带来的一种全新可能，这种模式可以复制到更多的领域里。”

如何通过互联网技术降低地震灾害损失并进行有效预警，是中国地震台网中心一直

致力的工作。在“论坛”上，中国地震台网中心与移动资讯平台今日头条达成战略合作共识，台网中心将力争缩短地震发生后紧急信息的产出时间，今日头条则将努力缩短将该信息推送至受地震影响区域用户手机上的时间。

“今日头条在接到紧急地震信息后到完成向全体用户的推送目前需要60秒左右，将来这个过程会接近0秒。”目前，中国地震台网中心与今日头条双方的技术专家正在朝这一方向努力。

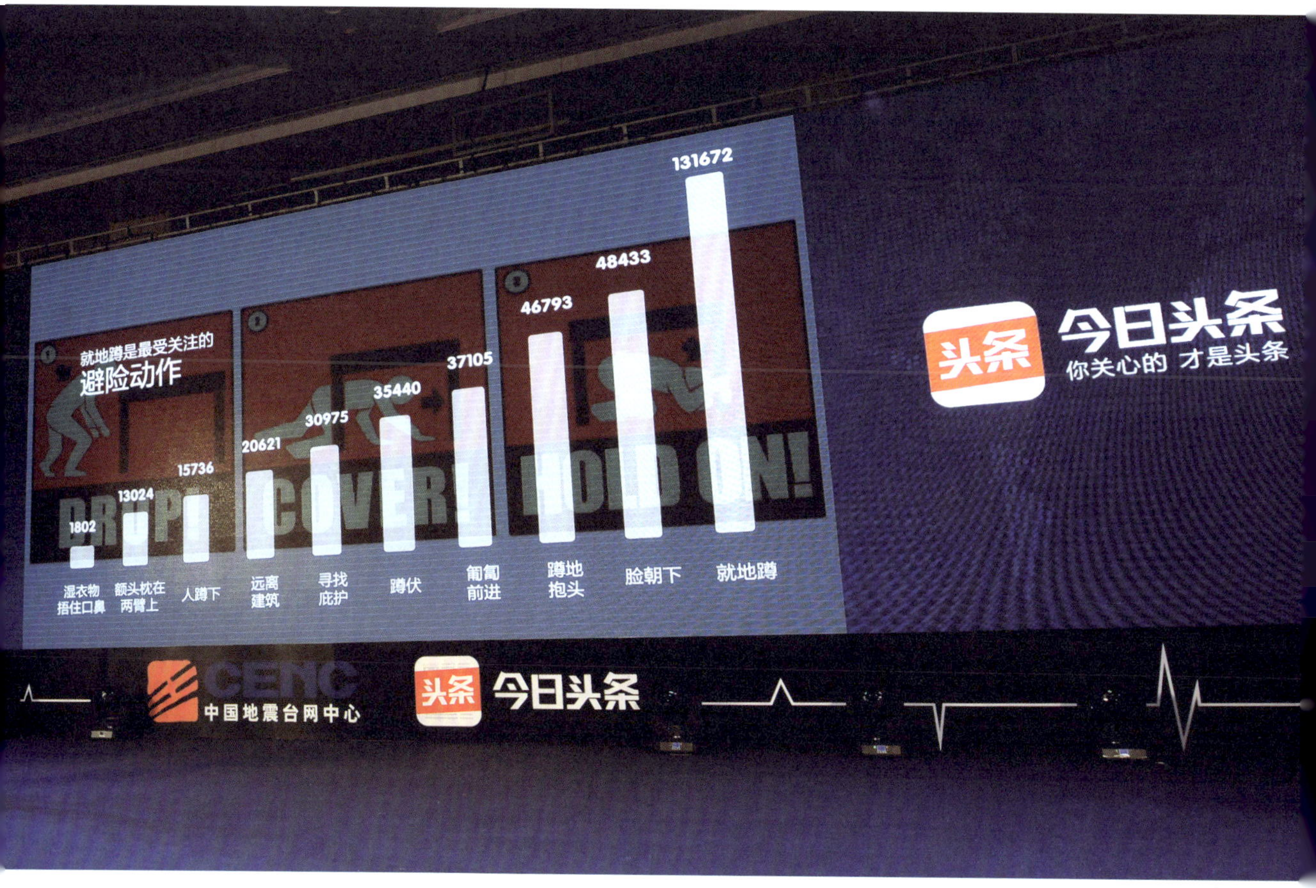

“中国地震台网速报”综合影响力持续强劲

2015年1月，地震新媒体被《人民日报》政务指数报告评为“2014年度全国十大政务微博”。

2015年1月，地震新媒体被《人民日报》政务指数报告评为“2014年度全国十大中央机关微博”。

2015年1月，地震新媒体荣获“2014年度微博最具影响力”奖。

2015年1月，地震新媒体被腾讯网授予“政务突破奖”。

2016年1月，地震新媒体荣获“最具影响力政务头条号”奖。

2016年1月，地震新媒体被《人民日报》政务指数报告评为“2015年度全国十大政务微博”。

2016年1月，地震新媒体被《人民日报》政务指数报告评为“2015年度全国十大中央机关微博”。

2015年政务机构微博总榜TOP100

排名	微博	认证信息	传播力	服务力	互动力	总分
1	公安部打四黑除四害	公安部治安管理局暨打四黑除四害专项行动办公室官方微博	99.84	88.22	97.77	96.70
2	江宁公安在线	南京市公安局江宁分局新浪微博社区委员会专家成员	100.00	57.06	100.00	91.41
3	平安北京	北京市公安局官方微博	94.02	96.65	80.47	89.13
4	上海发布	上海市政府办公室官方微博	96.74	76.66	83.99	87.62
5	中国地震台网速报	国家地震台网官方微博	94.92	67.79	89.68	87.40
6	深圳交警	广东省深圳市公安局交警支队官方微博	92.56	75.63	81.39	84.70
7	广州公安	广州市公安局官方微博	88.43	88.47	76.62	83.71
8	南京发布	南京市委宣传部新闻发布官方微博	89.58	75.30	81.63	83.54
9	成都发布	成都市人民政府新闻办公室	90.15	76.69	80.22	83.49
10	北京地铁	北京地铁公司官方微博	86.67	99.53	70.05	82.59
11	共青团中央	共表团中央官方微博	89.65	63.10	84.54	82.30
12	深圳公安	深圳公安局官方微博	86.12	91.08	71.96	81.45
13	深圳天气	深圳市气象局官方微博	87.51	87.30	68.08	79.70
14	无锡发布	无锡市人民政府新闻办公室官方微博	83.68	79.29	75.15	79.39
15	警民直通车－上海	上海市公安局官方微博	86.69	81.96	70.66	79.33
16	上海地铁	上海申通地铁集团运营管理部官方	87.13	89.64	66.06	79.21

全国政务新媒体综合影响力是以新华政务直通车大数据技术为依托，涵盖了全国5000余家各级单位的政务微博、微信运营数据。

政务微博正在改变信息传播方式。在过去很长一段时间里，公众都是通过传统媒体“聆听”来自政府的信息。这种传统的“一对多”的大众媒体传播模式，使得公众处于被动的“聆听”角色，公众与政府部门以及公务人员之间没有对话和互动的渠道。而政务微博提供了让公众直接对话政府的机会，实现了“点对点”和“多对多”的传播模式。在政务微博方面，国家地震台网的新媒体发挥了自己的特色，形成了自己的品牌。

微博“七年了”

“中国地震台网速报”为国家地震台网官方微博，从2012年5月28日正式运行，累计吸引粉丝达到520万人。2015年5月11日23时51分，“中国地震台网速报”发布微博“七年了……”，引发网友大量转发评论，累计被转发评论超过6万次。“地震速报”是中国地震台网的核心功能，在震后第一时间发布震中位置、震级大小等地震参数，对于政府和社会各界知悉灾情、判断灾情、启动应急处置，最大限度地减轻损失具有重要意义。

第二章

互联网+地震监测预警：整合社会资源，提高减灾实效

汶川大地震之后，地震预警作为目前地震灾害防御的重要手段之一正逐步走向我国公众的视野。已经启动的“国家地震烈度速报与预警工程”，标志着中国地震监测预警的新时代已经到来。部署地震预警系统，并不是一个简单的技术问题，而是一项整体的社会工程，需要综合考虑科技因素、经济因素和社会因素。对于地震预警来说，真正是“时间就是生命”，时效性要以“秒”计，对数据“处理模式”的效率和科学性的要求非常之高。要想使“大数据”在防震减灾方面发挥“实时性”的作用，快速准确地作出决断和传递信息，通过整合社会各方面的资源能够实现。

互联网/地震

地震时房屋等建筑物的倒塌和周边附属物的倾覆掉落等，是造成人员伤亡和财产损失最重要的直接原因之一。而当用户接收到地震预警信息，能够预留出几十秒的时间，及时逃生或做好避震措施等，就能大大减少损失，这对企业和公共场所来说，都是极其宝贵和广泛适用的。

——中国地震局工程力学研究所副所长、研究员　李山有

地震预警被称为“秒级处理技术”

地震预警的核心技术是如何快速可靠地判定地震、确定地震位置、大小并估计其影响范围。

——中国地震局工程力学研究所副所长、研究员　李山有

地震产生的剧烈震动会导致工程结构破坏甚至倒塌，从而造成巨大的人员伤亡与直接经济损失；同时，地震还可能诱发火灾、爆炸、列车出轨、核泄露等严重的次生灾害。

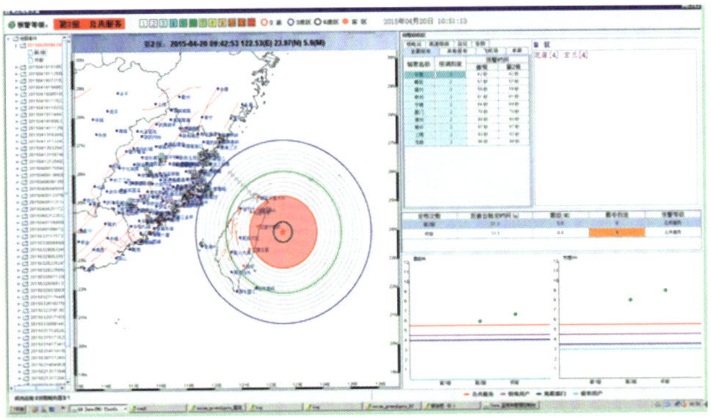

2015年4月20日台湾花莲5.9级地震预警系统界面

为了达到减轻地震灾害的目的，除了加强工程结构抗震设计外，人们最先想到的就是地震预报。如果能预先知道地震的发生时间与地

点，而先将人员撤离地震区、关闭次生灾害源，无疑会将地震灾害降到最低。但是，地震预报这个世界性的科学难题在短期内很难取得突破性进展，因此，许多国家和地区投资发展地震预警系统和地震应急控制系统。

地震预警（earthquake early warning）的构想，最早由美国科学家库珀（J. D. Cooper）博士于1868年提出。他设想在距旧金山100千米外地震活动性很强的霍利斯特地区布设地震观测台站。一旦地震发生，就可以利用电磁波与地震波传播的时间差，在震后很短时间内及时敲响市议政厅的警钟，使人们能够采取一些紧急逃生避险措施，以减少地震造成的人员伤亡。由于当时技术水平的局限，这一构想并未实现。

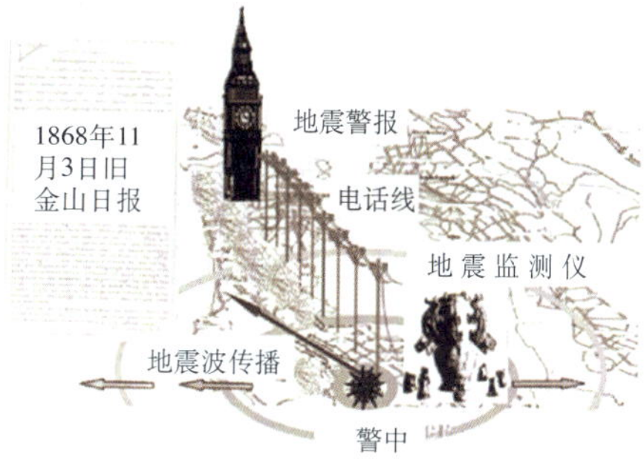

1868年《旧金山网报》刊登的地震预警设想

现在，随着计算机技术、数据传输处理技术、地震监测仪器以及观测方法的不断发展和成熟，这一设想正逐渐变为现实。

地震预警是一种在现代地震观测技术和信息技术基础上发展起来的新技

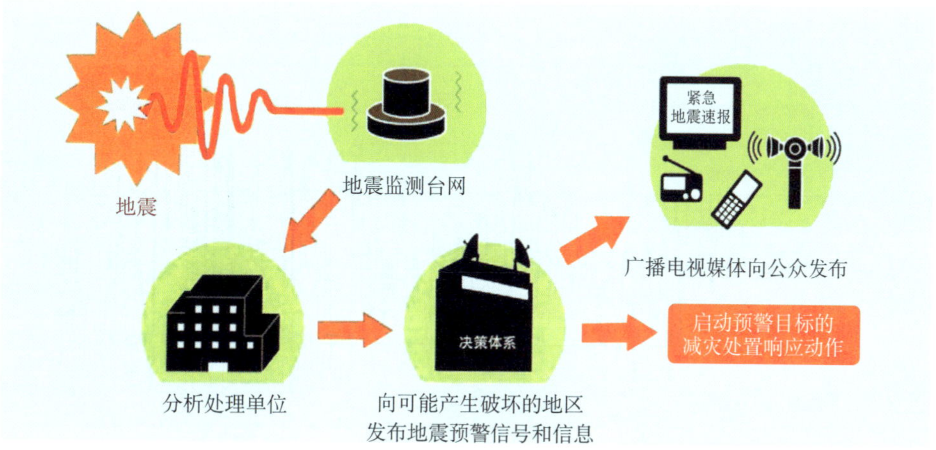

地震预警系统示意图

术。地震预警技术的主要原理有三种。

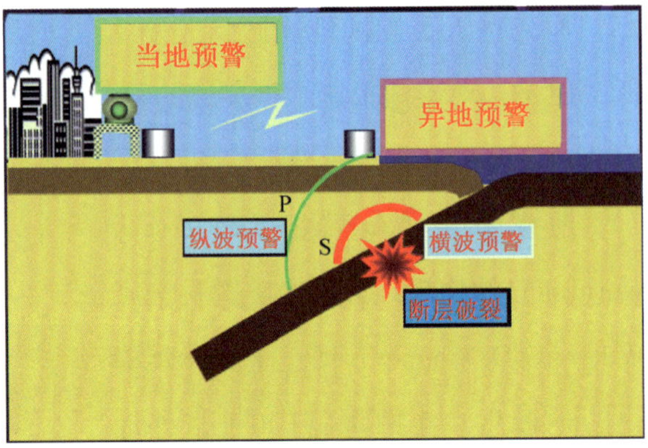

地震预警模式

第一种是利用地震波传播速度比电磁波慢的原理，在地震发生后，发出地震报警，通知远处的人们采取避险措施，称为“异地预警”。

第二种是利用地震波纵波（P波）和横波（S波）到达的时间差发出报警。由于P波速度一般约为5.5~7.0千米/秒，S波速度约为3.2～4.0千米/秒，在P波到达后发出报警，S波也很快到达，只能用于地震震中现场附近报警，称为“当地预警”。

第三种是在地震波（一般指破坏力较大的S波和面波）达到一定阈值时发出警报，这种警报是大地震警报，作为地震紧急处置使用，比如关闭水电气的阀门、列车紧急制动等。

地震预警技术和传统的地震速报处理技术有很大差别。传统的地震速报处理技术——快速测定地震参数，主要依靠P波和S波到时差来确定震中距

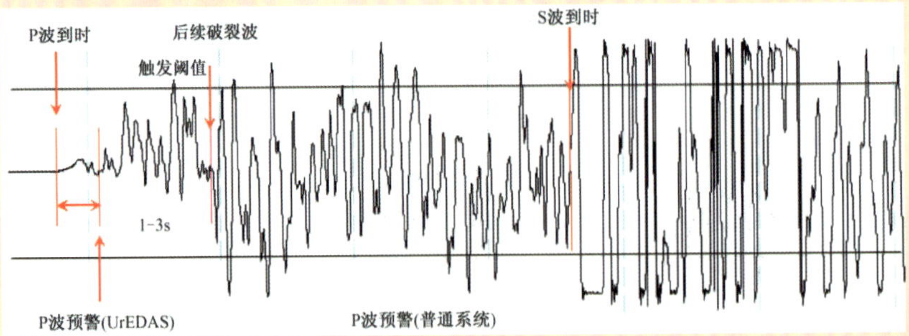

本地P波预警原理

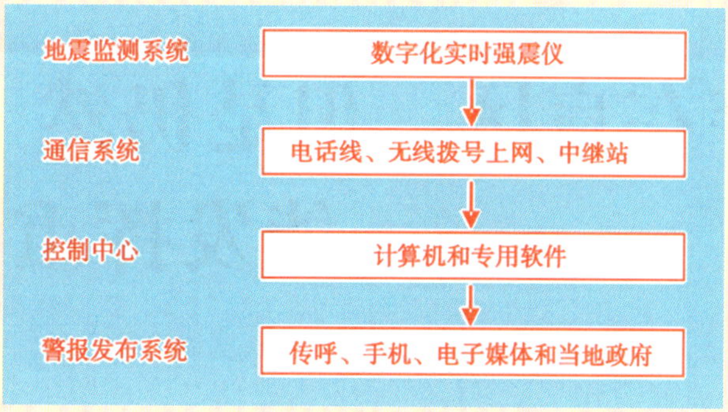

地震预警系统基本硬件组成

离。如果是地震台网，还可利用每个地震台的P波到时差，来计算出震中位置，利用S波的幅值来计算震级。地震预警则不同，它需要在地震波到达台站后几秒钟就要判断：

——是否是地震；

——是否是大地震；

——地震的位置或者距离；

——地震的强度。

因此，地震预警的处理技术被称为“秒级处理技术”。

地震预警信息可为政府应急决策提供依据。社会公众可以根据地震预警信息及时采取措施避震逃生，大幅度减少人员伤亡。地震预警还可为重大工程提供安全保障服务。城市供气和供电系统、核电站、水库大坝、大型变电站及输油输气管线、高速铁路等重大工程，可以根据预警信息启动相应的制动、关闭等处置系统，减轻直接地震灾害及次生灾害损失。

预警存在盲区，但是仍然能发挥重要作用

地震预警并不是万能或完美的。地震预警技术从原理上就存在“预警盲区”。地震预警是在大地震发生后，向远处发出大地震警报。从大地震发生到警报的发出，是需要时间的，这个时间是地震波从震源到达地震台的时间，和地震台收到地震信号后判定地震参数需要的处理时间总和。换句话说，地震发生了，并不能立刻报警，需要地震台（网）收到地震信号，并且确定是大地震后，才能拉警报。在这段时间内，地震波照样传播。由于大地

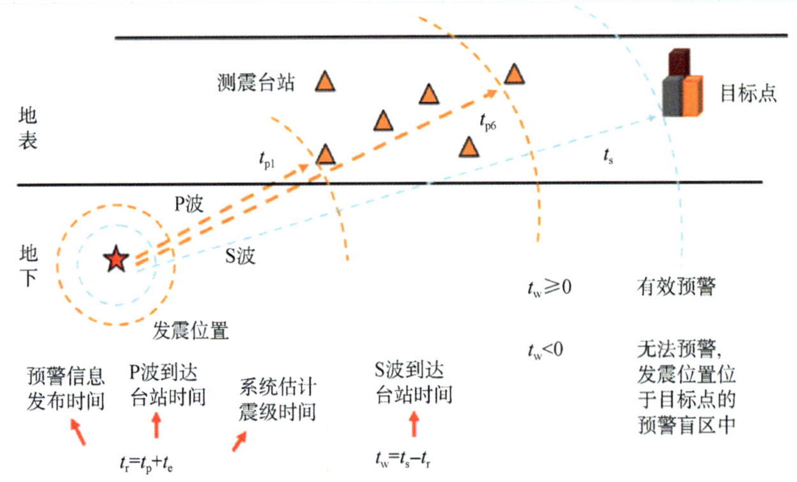

地震预警基本原理图

震主要是由S波、后续面波造成破坏，这段时间对应的S波传播的距离，我们称之为“盲区”。即地震警报到达该地区时，地震波已经到达或已经过去，也就是说，收到警报时，具有最大破坏力的S波、面波已经造成了破坏。

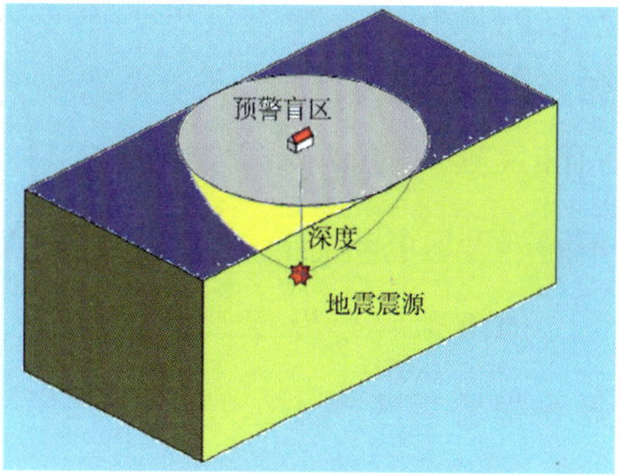

单台地震预警理想盲区示意图

右图是一个地震台接收到地震波后最理想的盲区示意图。最理想的就是地震台正好在一个大地震的上方，也就是在震中位置。如果地震发生在12千米深，地震纵波传到地面地震台约需2秒；地震台收到地震波后进行判定，这属于对地震信息的处理，即“秒级处理”技术，目前最先进的处理技术水平需要使用前3秒地震波。

假如在地震发生5秒后发出地震警报，因为1秒地震纵波就多走了6千米，S波就走了将近4千米，这时地震纵波已经走了30千米左右，地震横波也已经走了将近20千米，这就是纵波和横波的预警盲区，或称P波和S波预警盲区。S波是地震破坏的元凶，预警盲区实际是S波预警盲区。

可见，地震预警技术本身在原理上就有一个不可避免的盲区。对于预警盲区，由于预警时滞，地震报警基本无效。实际上，预警技术非常复杂，往往不是一个地震台就可以准确判断，需要一个密度足够的地震台网。而在处理方法上，仅用地震波初始的几秒钟来判断是否地震的技术还很不成熟。实际处理时间更长，预

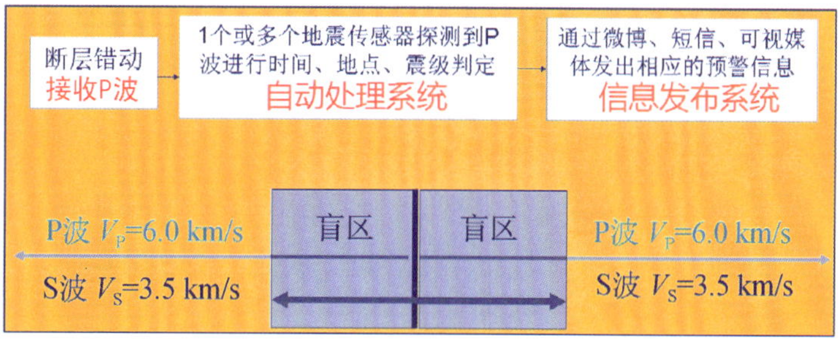

地震预警盲区示意图

警盲区则更大。

在“盲区”内，预警能力为零；但对“盲区”以外不同烈度区域，可以提供时间不等的时间服务。在右边的示意图中，R_0是盲区半径，无法预警，但对$R_0 \sim R_i$之间的区域可以提供预警（R_i为不同烈度区的半径）。

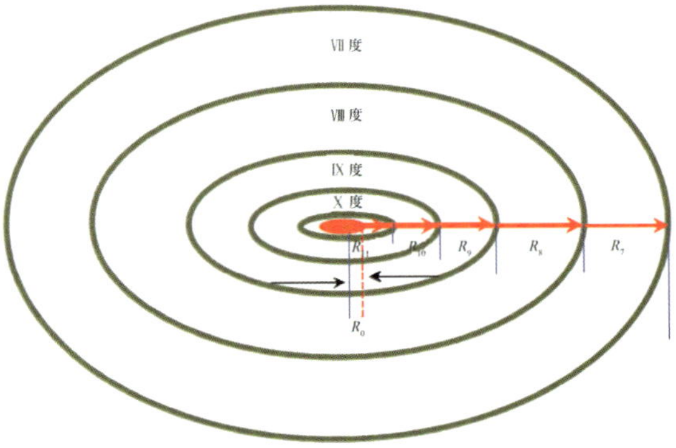

地震预警与不同地震烈度区半径

地震预警要发挥作用，就需要报警盲区越小越好。而若要盲区小，则需要地震后发出警报越快越好。若要警报发出得快，则需要对地震信息处理得快。然而，目前地震预警的处理技术现状是，处理速度越快，误差就越大，特别是在评估地震强度（烈度和震级）方面往往会出现较大的误差。

因此，各国地震预警系统的地震报警，都是采用连续多报方式进行。例如，日本“3·11”东海9.0级大地震发了15次警报（地震预警的第一报震级仅为5.7级，与实际震级里氏9.0级有较大差距），目的是既快速发出报警，又在后续的报警中不断修正地震的参数，使它越来越准确。

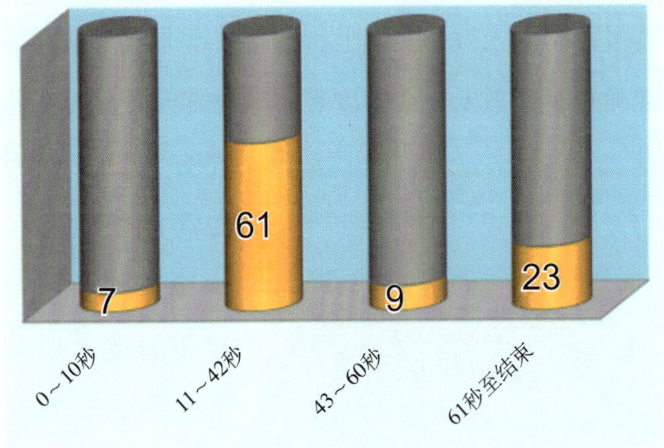

破裂不同阶段能量释放比重

另外一个非常重要的问题是，凡是大地震，其断层破裂都是有一个过程的，而破裂带必然也是受灾程度最大的地区。地震断裂带的破裂速度远小于地震波传播的速度。因此，当地震最前列的S波到达时，并不一定是破坏最大时刻。同时，凡是大地震，由震动引起的破坏往往不是最厉害的，最厉害的是地震波引起的次生灾害，例如，汶川大地震引起了巨大山体滑坡、日本“3·11”地震引起强烈海啸、日本京都大地震引起火灾等，这些往往是造成损失的重要原因。地震断层破裂到地表和次生灾害发生的时间，往往滞后于地震的强大振动；由地震造成的振动和地基液化引起的房屋破坏、倒塌，也要滞后于地震波到达时间。

因此，即使是在地震预警盲区内，尽可能快速地地震预警也会发挥一定的作用。尽管得到地震报警时，最强地震波已经到达或过去，但是对于破坏发生还有一定的时间提前量，可以为采取紧急避险和紧急处置水、电、气之类的生命线设施提供宝贵的时间，在一定程度上避免相关的次生灾害的发生。

【背景资料：地震预警方案】

目前存在两种地震预警方案，一是基于地震速报系统，即利用地震观测网中离震中最近的几个监测台，快速确定地震的三要素（时间、地点、震级），然后利用现代通讯和破坏性地震波的传播时间，让离震中较远的人们有一定的时间采取措施。此方案（网络预警）确定了地震的基本要素，可以向比较远的区域发布预警。但该方案有比较大的盲区，需要几个监测台才能确定地震的信息。

另一方案是单点地震预警，此方案利用地震纵波和横波的特点，进行地震预警。其工作流程是，该点的地震仪连续监测震动，如果监测到很强的纵波，则产生预警，警告破坏性地震波即将到达。该方案只需要一个监测台，所以盲区小。但只能对该地点进行预警，其应用有一定的局限性。比较好的方案是把网络预警和单点预警结合起来，以减少盲区和增加预警范围。

全国地震预警系统建设和推广应用有坚实的基础

基于实时地震（强震动）观测台网的地震预警和地震应急控制系统，是近年来国际上日益引起人们重视的防震减灾手段，它不仅可以减轻地震造成的人员伤亡和降低重大工程次生灾害的发生，而且还可为震后紧急救援和抢修提供依据。

——中国地震局工程力学研究所副所长、研究员　李山有

在过去的几十年里，日本、美国、墨西哥、土耳其、罗马尼亚、意大利、中国台湾等世界上多个地震频发的国家和地区，都已建立起多个针对特定设施、单个城市甚至更大区域的地震预警系统，并在实际运行中取得了显著的减灾实效。

我国的防震减灾事业从新中国成立初期开始起步，1971年8月成立国家地震局，实现了全国地震工作的统一管理。迄今，监测预测（报）、灾害防御、紧急救援和科技创新成为中国地震局主要工作的基本体系（即“3+1”体系），这也是我国地震安全的社会管理与公共服务体系的核心架构。同

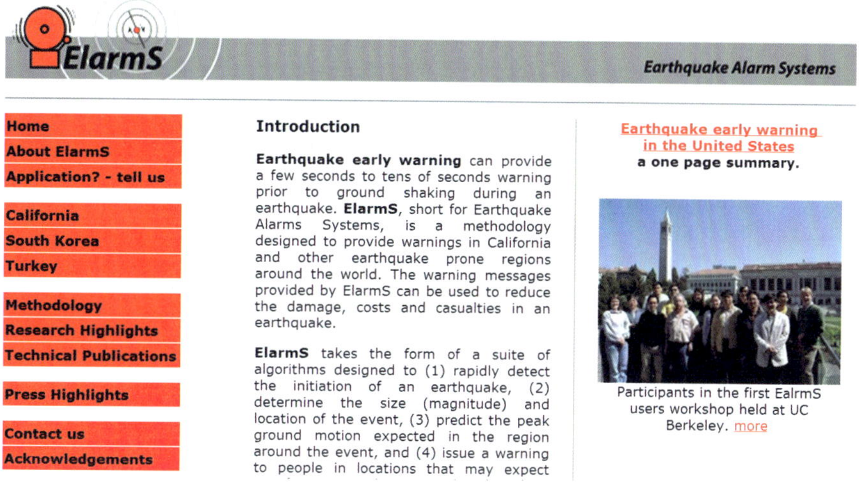

美国ElarmS地震预警系统网站

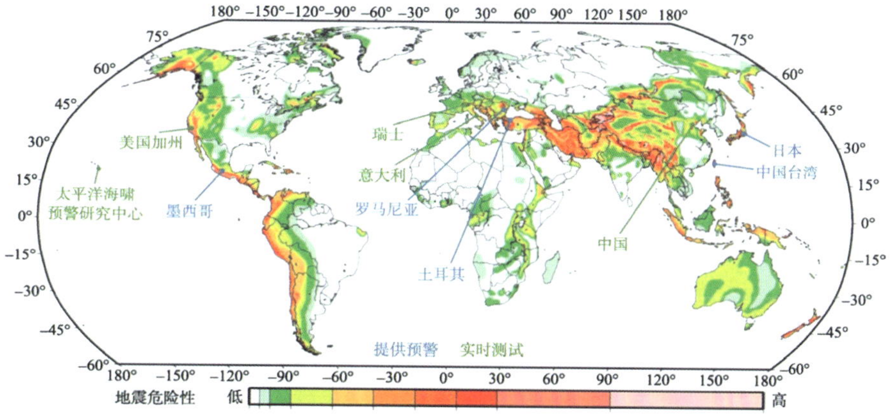

全球地震预警系统分布图

时，还形成了行政管理和组织体系、法律法规政策体系、专业人才体系、配套的资金保障体系，对“3+1”体系构成基础支撑和保障。

自1966年邢台地震以后，我国就开始推进地震观测的基本建设，开展了地震、地磁、地电、重力等的观测。

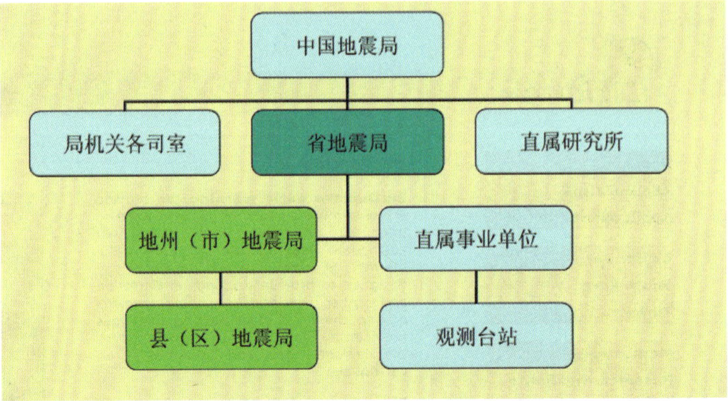

中国地震局系统结构图

“九五”至“十二五”期间，不仅加大了观测网络建设力度，还完成了由模拟信息向数字信息、由单点信息向网络信息、由延时信息报告向实时信息传输的跨越和转变。数字地震观测网络更有利于保证全国各省、区、市和市县的地震信息网络连通。这一切都为地震预警系统建设积累了大量硬件基础和技术储备，同时培养了大量专业人才。

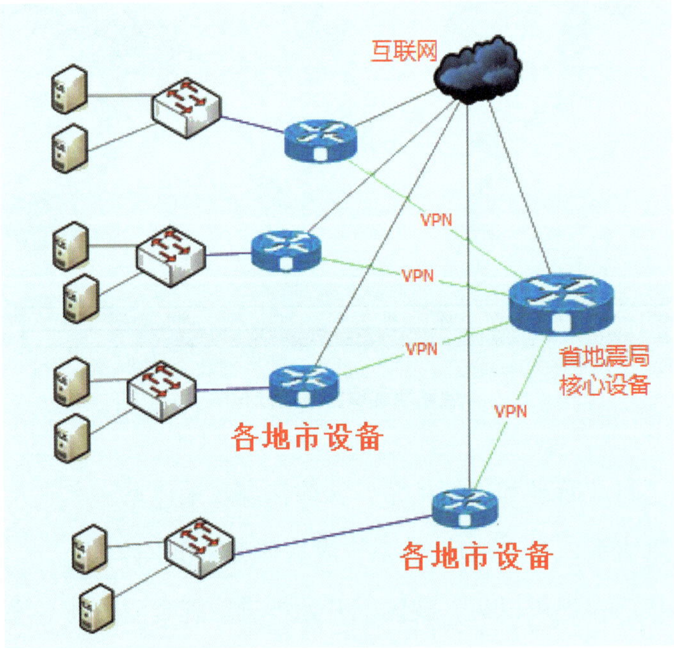

某省地震局数字地震观测网络拓扑

在地震预警的关键技术研究方面，从2000年，我国就已经开始了地震预警相关技术的研究，不断追踪国际先进的相关技术和最新进展，探索适合我国的预警科技，并获得了不同层次、多种渠道的项目经费支持。这些项目研究内容广泛，包括跟踪国外相关研究和建设动态、强震动观测数据实时处理、基于地震初期记录的震级确定、地震到时识别与快速定位、地震紧急处置技术、示范系统设计与建设、仪器研发等，并取得了一些科研成果。

2008年我国启动的国家“十一五”地震社会服务工程建设项目，也包含地震预警系统的试点示范工程；在福建个别地区由福建省地震局建立了局部地震预警系统；2008年汶川地震后，四川、云南等部分地区也建立了部分预警系统雏形；中国地震局与铁道部正在开展将地震预警系统应用于高速铁路上的合作。

总之，通过几十年来的努力，我国在组织、管理、技术、人才、行业标准等方面为全国地震预警系统建设和推广应用奠定了坚实的基础。

地震预警的重点区域必须有所选择

根据地震预警的方式，地震预警分为当地预警（on-site warning，又称“现地预警”）和异地预警（regional warning）。前者以“保护对象”为目标，在保护对象周围“画”一个圈，一旦在圈上监测到“风吹草动”，立即采取措施，相当于将岗哨设在自己的阵地周围；后者以“威胁”为目标，监测“威胁”，一旦“威胁”出现，马上采取措施，相当于将岗哨设在敌人据点周围。

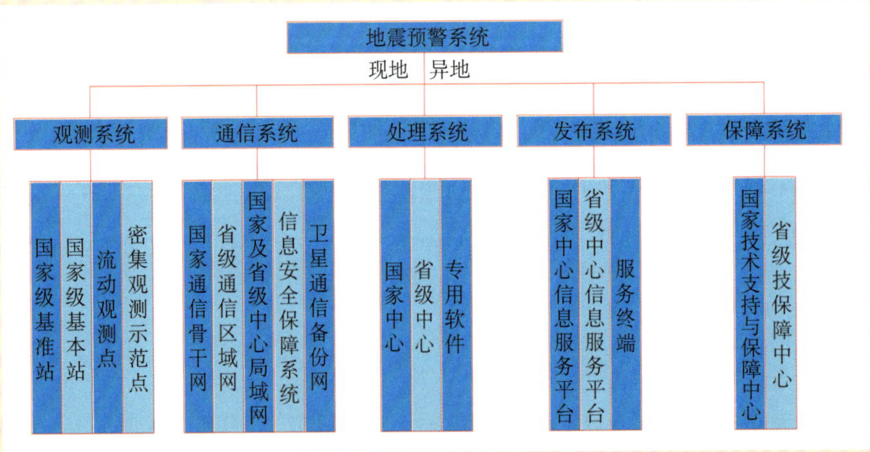

地震预警系统整体架构图

很显然，对于包括核电站等重点保护对象来说，异地预警相对于当地预警，整体上具有更好的防灾效果。但是，我们往往并不能准确地预测地震在何处发生，而需要保护的对象也不能完全避开所有的断层。由于地震预警系统建造和维护的高成本，只有具有一定保护价值且地震发生具备一定频度的地区，才有建设预警系统的意义。

相对于已经全面部署地震预警系统的日本和台湾地区来说，中国大陆地区的国土面积要大得多，地震发生的频度相对较低，人均经济实力也有一定差距。显然，目前在全国范围内全面部署地震预警系统还不太现实，划出重点预警区域会更为实际有效。

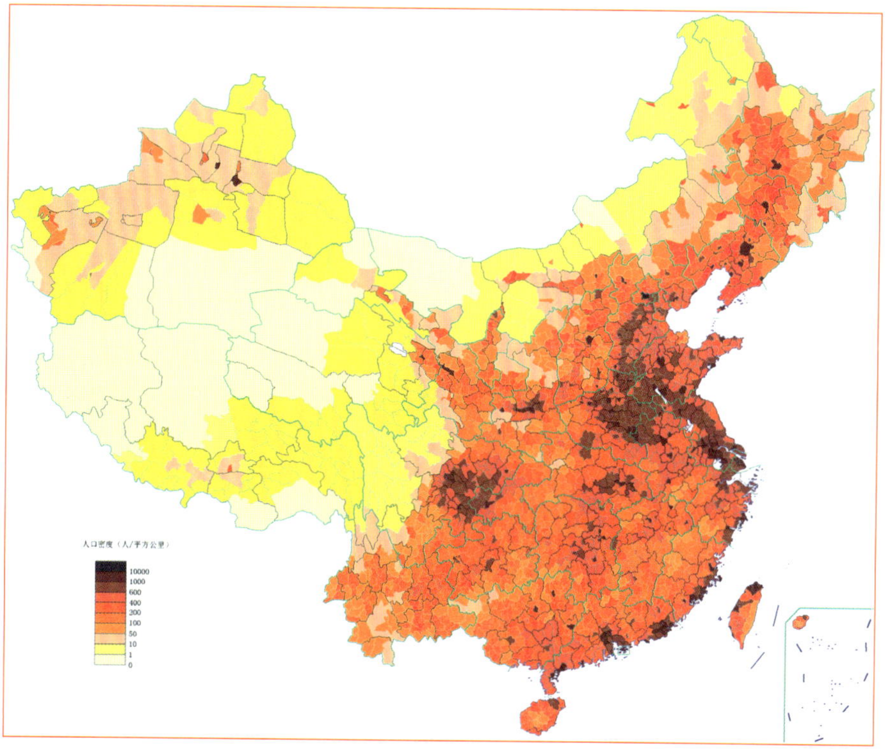

中国人口密度

地震预警区域的选择不仅与该地区的地震危险性有关，还和当地的人口、经济发展状况及生命线工程项目等因素有关。可以对地震危险性和人口、经济及生命线工程等情况制定相应的标准，只有当某个区域的所有指标均超过该标准的阈值时，才有部署地震预警系统的必要。而考虑到异地预警及其他相关的因素，如果在人口较多、经济发达的地区附近有地震危险性较高的地区，则该地区也应作为地震预警的区域进行考虑。

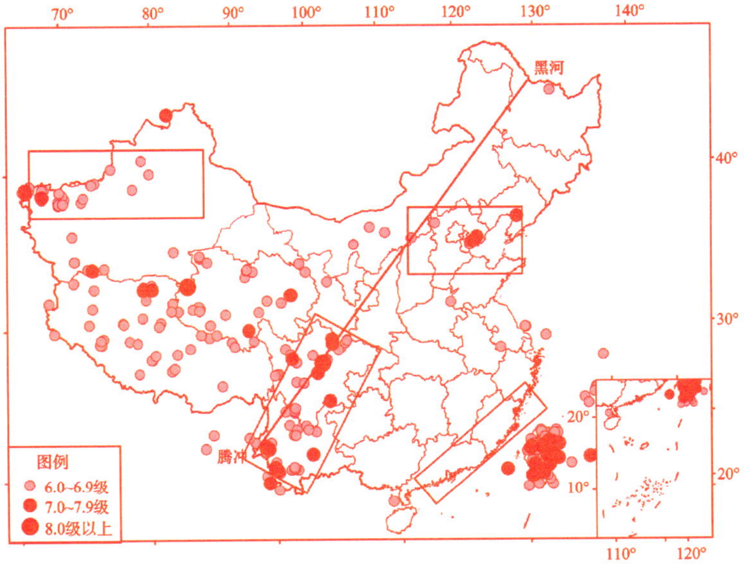

国内历史浅源地震分布图（1970～2012）

目前，我国通过历史浅源地震分布和人口密度分布图等一些最基本的参数，来初步分析决定我国地震预警重点区域的选择。

地震预警信息的发布必须有政策规矩

我国《信息公开条例》规定，凡是涉及公民、法人或者其他组织切身利益的信息必须公开。地震预警信息的发布符合该条例。地震预警信息发布是指面向社会公众的与地震有关的预警信息发布。

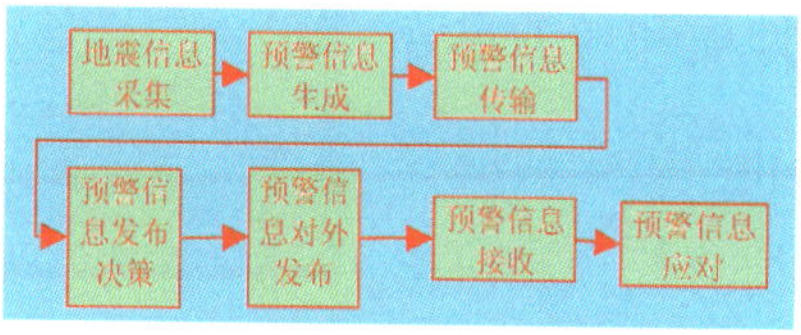

地震预警信息发布基本流程

地震信息采集、预警信息生成和传输阶段，属于技术层面。在技术层面，目前争议不是很大；而在政策方面，不同的人则往往有不同的看法。下面我们重点对地震预警信息的发布主体、发布方式和发布内容等政策方面的问题进行简单讨论。

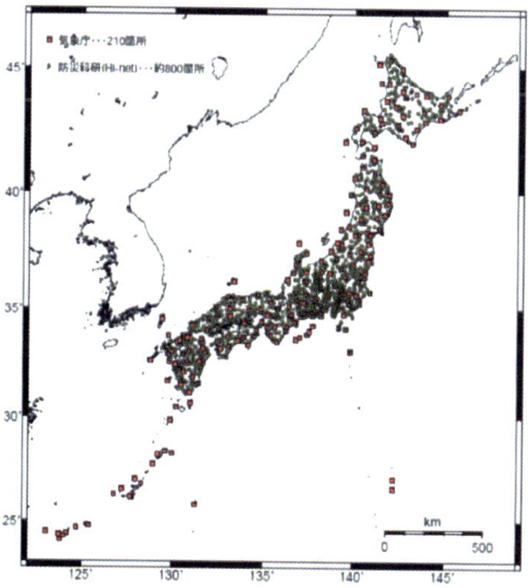

日本地震预警系统所用台站分布
（方形表示由气象厅负责维护的台站，约200个）

（1）发布主体

在国外，自然灾害的预报预警工作都由灾害监测和管理部门负责。例如在日本，气象厅专门负责收集和处理所有部门得到的观测数据。当地震发生在日本或者其周边地区，日本气象厅会立即从各个地震仪和地震强度仪中分析相关数据，及时、准确地向民众发布地震信息，并进行公告。

目前，我国在法律层面上并未对地震预警信息的发布主体和利用等相关内容进行规范。但在《公共地震信息发布》（GB/T 22568—2008）这一国家标准中，规定“向社会公众发布的国内公共地震信息应来源于地震和相关主管部门公布的地震信息”。2014年12月中国地震局发布的《关于促进地震预警法制建设的通知》（ZLE00/ZL—2014—00068）中指出：“地震预警发布是行政行为。鉴于地震预警的特殊性，应按照国家法律规定和国家地震预警系统功能与工作机制设计，明确地震预警信息发布主体、权限和程序。”

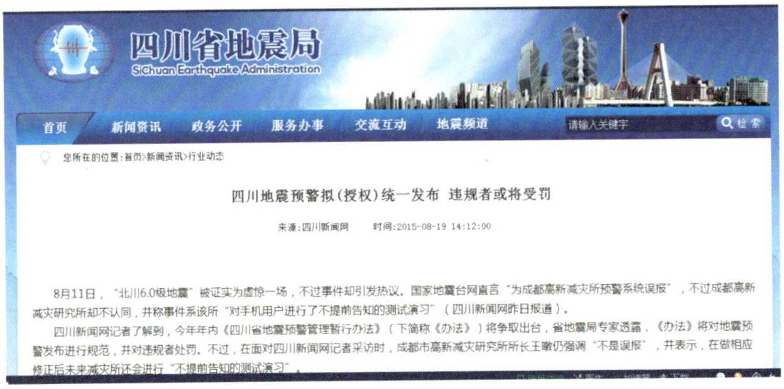

四川地震预警拟统一发布

综合分析认为，在我国现有体制下，以地震局的名义发布预警信息，是符合政府实际管理权限的。

（2）发布方式

在进行地震预警信息发布时，针对不同的受众和需求者，可以采取不同的发布方式。地震预警信息的发布方式主要有以下四种。

一是网络发布，即可通过互联网发布各类公共地震信息，如使用微博、QQ群等方式；

二是广播电视发布，即通过中央广播电台、中央电视台和各地广播电台、电视台插播地震预警信息；

三是手机终端发布或短信平台发布，即通过手机安装“地震预警警报”软件进行发布，或者通过短信平台用短信形式发布地震预警信息；

四是警报喇叭，即通过安装在室外的高音警报器直接鸣响，拉响地震预警警报，及时疏散群众。

（3）发布内容

我国对突发事件类别和预警级别的标准都进行了统一划分。无论哪一类突发事件，预警级别都分为四级：一级预警，预警信号为红色；二级预警，预警信号为橙色；三级预警，预警信号为黄色；四级预警，预警信号为蓝色。地震属于自然灾害类突发事件，地震预警级别也按照国家统一规定执行，实行四级预警信息发布。不同的等级所采取的措施不同（Ⅰ级：停工停产、人员撤出；Ⅱ级：应急救援人员物

等级	Ⅳ级	Ⅲ级	Ⅱ级	Ⅰ级
颜色	蓝色	黄色	橙色	红色
严重程度	一般	较重	严重	特别严重
图例	Ⅳ级 社会协助 短监跟踪	Ⅲ级 防震宣传 应急演练	Ⅱ级 救援人员 物资待命	Ⅰ级 停工停产 人员撤出

地震预警级别

资待命；Ⅲ级：防震宣传、应急演练；Ⅳ级：社会协助、短临跟踪）。

地震预警信息包括两方面：一是地震事件信息，也就是表述地震事件参数的信息；二是地震应对信息。地震发生后，破坏性地震波到达预警地区预计还剩余多少时间，可能遭遇多么强烈的地震袭击，同时提醒公众及时采取适当的避险措施。

地震预警信息发布内容及形式

发布内容		发布形式
地震事件信息	时间、震中、震级、烈度	文字、声音、图像、视频
地震应对信息	预计剩余时间、遭受烈度	
	避险措施、避险方式、应对提示	

地震预警装置已应用于中国高铁新型动车

地震是一种对高速铁路行车安全危害极大的自然灾害，为了减轻地震对高速铁路造成的灾害，建设高速铁路地震监测与预警系统是一项行之有效的手段。

——中国地震局工程力学研究所副所长、研究员　李山有

地震是一种发生概率较小，但对铁路行车安全危害极大的自然灾害。随着我国铁路实施了六次大提速和开行高速列车，中国铁路进入了高速铁路时代，列车的运行速度和开行密度不断提高。在这种形势下，哪怕是较小震级的地震对路基、轨道、桥梁等产生的冲击，都可能导致影响行车和危害旅客生命财产安全的重大事故。对高速铁路而言，如果能在破坏性地震动到来前提早哪怕是短短的几十秒实施报警和紧急处置，都将大大降低旅客生命财产损失的发生概率。因此，为了最大限度地减轻高速铁路的地震灾害，除了对铁路构造物进行高级别抗震设防、对运行列车采取脱轨防护措施外，建设高速铁路地震监测与预警系统，也是非常有效的手段。

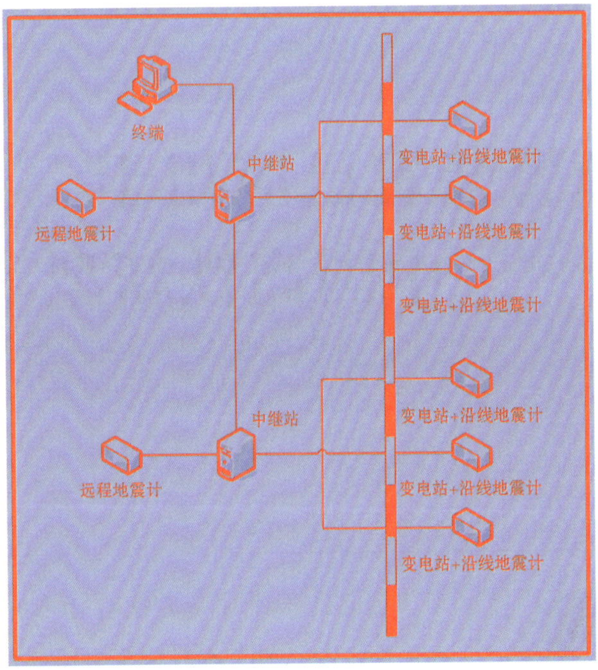

日本新干线地震监测与预警系统架构

在高速铁路发展较为发达的国家和地区，如日本、法国、德国和中国台湾等，高速铁路均建立了地震监测与预警系统，以防止或减轻地震灾害对高速铁路运行以及旅客生命财产安全所造成的危害。

尤其值得一提的是日本。日本是一个多地震国家，新干线地震监测与预警系统在20世纪60年代与世界第一条高速铁路（东海道新干线）同步建立，系统投入应用后，又经过多次改进，系统的研发和应用已趋于成熟，同时也有很多次成功的紧急处置经验，如2004年新潟县中越地震和2011年东日本大地震。

每个日本新干线地震监测台站（沿线地震计或远程地震计）的地震仪器，由一个机械式报警地震仪和一套预警地震仪组成。预警地震仪又由一个加速度计和一个处理单元组成。预警地震仪可以实时计算地震动参数值（加速度值、谱烈度值和计测震度值），输出基于P波和S波的报警信息，并向终

端发出地震参数估计结果，同时，地震计不仅可以发出报警信号，也可以接收其他地震计的报警信息。

中国的高速铁路建设起步较晚，但发展迅速。截至2014年底，中国高速铁路里程已达到1.3万千米，形成“四横四纵”的交通网络。随着高速铁路的快速发展与列车速度的大幅度提高，地震对列车运行安全性的威胁也大大增加，包含地震防灾在内的高速铁路防灾系统和紧急自动处置系统也在加速研发中。

目前，我国在京津高速铁路、京沪高速铁路、京石武高速铁路和哈大高速铁路沿线均已布设或拟布设地震监控子系统。以铁路沿线布设的强震仪作为地震监测台站，监测对铁路沿线有一定影响的地震，在地震动达到一定强度后采取相应的紧急处置措施。

据媒体消息，预计到2020年，中国以高铁为骨架的快速客运网运营里程将达到5万千米以上，基本覆盖80%的50万以上人口城市。以新线、设计时速250千米及以上高速铁路为统计基础，目前中国已建成开通高铁1.7万余千米，是全球高铁运营里程最长的国家。

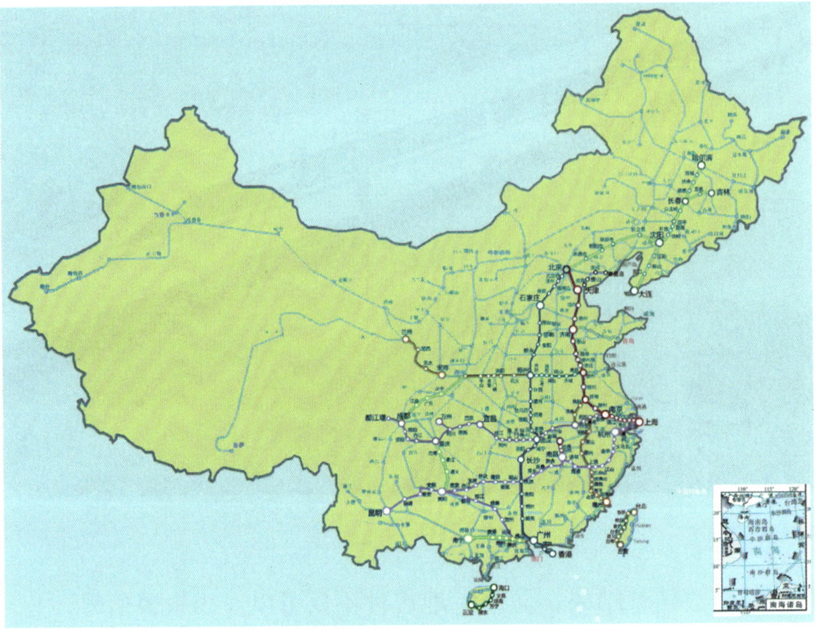

中国高速铁路规划网络示意图

目前，中国已制造、运营1800余组动车组，每日开行动车组列车3000余列，运送旅客约300万人。动车组已形成多种速度等级、多种功能产品，其数量、质量、运行效率达到国际铁路先进水平。

目前世界上有几个国家正在积极研发实现每小时350千米以上的运营速度。但受轮轨关系、弓网关系、流固耦合关系、运营环境等制约，轮轨式高速铁路最高运营速度是有限制的。同时，高速列车脱轨事故，是一个国家难以承受的灾难。速度越高，后果越难以估量。因此，必须进一步加强脱轨机理以及防脱轨技术的研究，杜绝灾难性脱轨事故发生。

中国研制的最新型动车组已配置车载地震紧急预警装置，这种装置可接收地面地震信号，对信号信息进行处理，对车辆的运行进行控制；并设碰撞安全防护装置，动车组以相对速度每小时36千米碰撞时，司机室逃生空间及乘客区域保持完整。

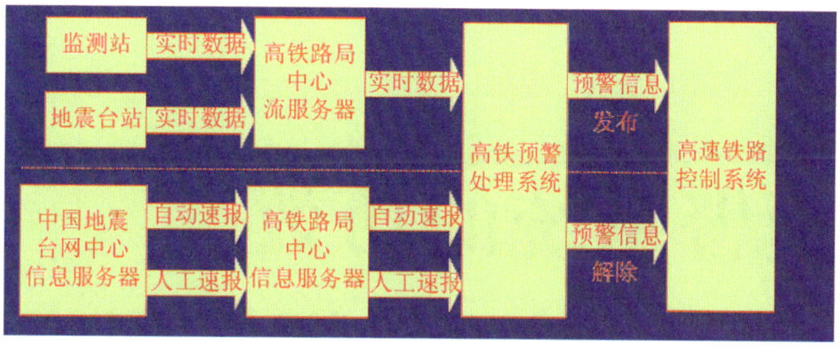

高速铁路预警系统效果图

这就是地震预警技术在生活中的重要应用之一。正如中国地震局工程力学研究所副所长李山有研究员所说的：“对一些公众场所来说，比如说对一些高铁，高铁可以紧急制动、减速，只要能把速度降下来，我们的安全系数就会大幅度地提高。只要我们的速度降到160（千米／小时）以下，安全性就大大提高。就不会出轨了。”

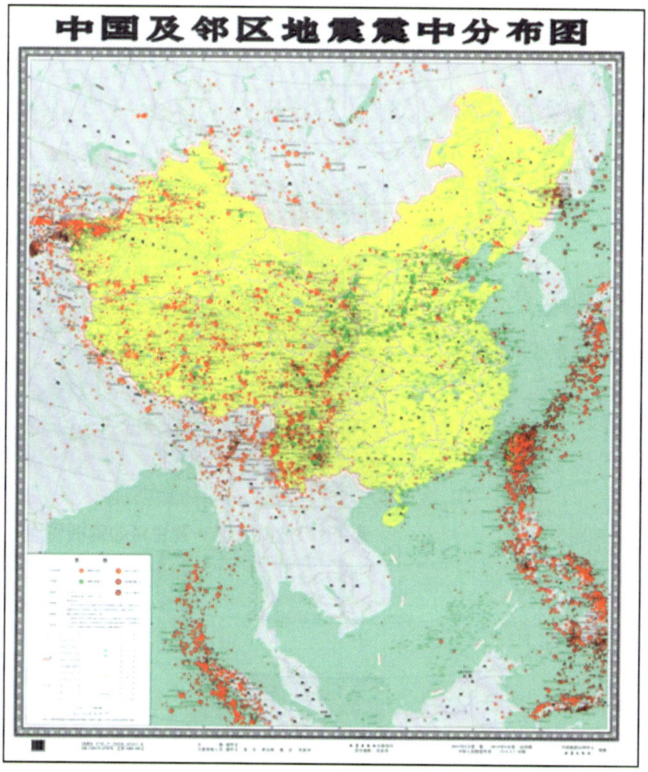

发挥预警系统的功效 不可忽视培训宣传

地震预警系统作为一种能够有效减轻地震灾害的新型技术手段，受到了越来越多国家的重视。地震预警系统不仅能够成功在破坏性地震发生后迅速准确地发布警报信息，而且也可以提高民众的防震减灾意识，最终达到有效减轻地震灾害损失的目的。

同时，日本等地的实践经验也一再说明，技术手段只是保障地震预警系统成功运行的一部分，地震预警系统各项功能的发挥，还取决于民众的防震减灾素质以及对地震预警系统的熟悉程度。

因此，要充分发挥预警系统的功效，还需要与之配套的社会工程和应急培训。这就需要政府有关部门有针对性地对民众展开各项培训和教育活动，以增进民众对于地震预警系统的了解，并能够在接收到

日本制作的学校地震应急指南

地震警报信息时从容选择最合理的紧急逃生避险措施进行自救，从而使地震预警系统的各项功能得到最大发挥。

比如，日本预警系统的宣传手册提示居民在收到预警信号后，一定不要从居民楼和办公楼逃离。这可能与大家的常识相违背。提出这样的要求是有理由的：一是因为预警系统针对的是普通地震和强震，对于毁灭性的特大地震，预警系统功效有限；二是日本对本国建筑的抗震性能很有信心；三是可以避免由于混乱逃生引起的踩踏伤亡事件。

如果缺乏必要的宣传和培训，即使成功地发布地震预警，效果也会受到影响。其中最重要的一点，是要教育民众学会在突发事件面前忙而不乱，得体应对。

比如，因2005年江西九江—瑞昌5.7级地震而死亡和重伤的人员中，相当多数是因为恐惧慌乱，盲目乱逃，被屋外的檐墙和门头砸压所致。如果没有足够的宣传教育且不经过训练、演练，当接收到地震预警信息时，人们不知在当时所处的条件和环境中迅速采取什么样的方法和措施，怎样去应对，就很容易招致更大的生命损失。

可见，地震预警系统是一个复杂的社会系统工程，不仅有很多复杂的科学技术问题需要解决，而且在社会管理层面还有更多前所未有的难题需要我们以创新的思维进行突破。其中的一个重要问题，就是应花大力气、下大工夫，广泛推动科普宣传工作，增强民众对地震预警系统的了解，加强预警信息发布后如何采取应对措施的防灾教育和训练。

为了做好地震预警的科普宣传工作，地震主管部门应会同相关部门和行业协会，根据宣传对象的不同，组织编撰和出版多种多样的有关地震预警的宣贯和科学普及材料。宣传内容包括预警的基本原理等科普知识、发布体制和发布内容方式、普通社会民众在接收到预警信息时应采取何种应对措施、不同行业特点的预警信息的应用方法、介绍预警的效果和客观局限性及可能

地震预警知识网络宣传

出现的误报、漏报等内容，使部门、各行各业和普通民众能够达到对预警系统的客观认识和正常预期，并做出从容、正确的地震应急对策。

同时，应利用电视、广播、图书、报纸、杂志、网络等多种渠道，开展多手段、多形式、多频次、大范围的关于地震预警知识的科普教育活动，充分利用虚拟现实的动漫、3D图像技术加强宣传，推进国家防灾科普教育支撑网络平台的建设，实现交互式远程专业技术教育和地震科普教育。

数字地震观测技术得到充分应用和推广

我国数字地震观测技术的开发最早开始于20世纪70年代后期，几十年来取得了很大进展。

为了加快我国数字台网的建设，利用改革开放的有利时机，1983年，中美双方达成原则协议，由美方提供设备和技术，共同建设“中国数字化地震台网”（CDSN）。经过双方努力，1987年通过技术评审和验收后正式投入运行。

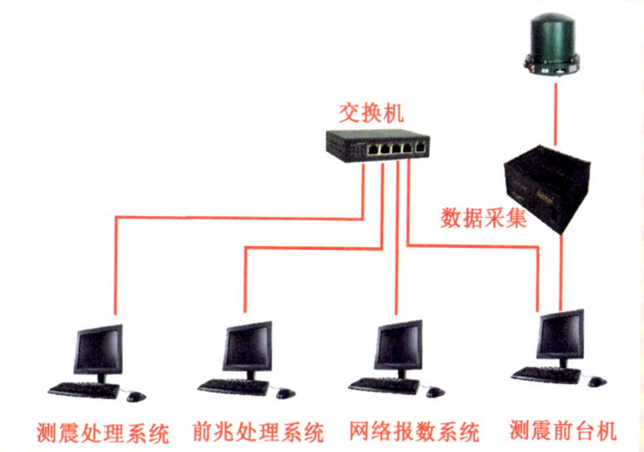

数字化地震台站观测网络

数字化地震台网的建设与运行，为快速准确判定地震事件、测定地震三要素，提供了强有力的保障，为社会的安定与发展作出了应有的贡献。

“九五”期间，中国地震局主持实施

了“中国数字地震观测系统建设”，我国的地震观测系统发生了根本性的变革，建立起了由47 个国家基本数字地震台和全国台网中心组成的国家数字地震台网、近30 个区域遥测地震台网中的$\frac{2}{3}$实施了数字化改造，新建的西安、福建和广州数字遥测地震台网先后于1997 年和1999 年投入运行。随后，具有国际先进水平的首都圈数字地震遥测台网也投入运行。

“十五”期间，我国又提出了更加宏伟的台网建设蓝图，新、扩建国家数字地震台站108个，将“九五”期间建设的30 个区域数字台的数据采集精度由16 位数采提高到24 位，同时加强台网中心在线大容量数据接收、处理和存储能力。

在前期工作的基础上，“十一五”期间进一步完善了地震观测系统和软件，并将数字地震观测技术输出到国外部分国家。中国大陆内部不再有网缘地震观测精度问题、边缘地区台站信号实时传输问题，地震观测数据实现实时共享。技术进步和台站密度使自动地震速报问题提上了日程。

随着数字地震观测技术的发展，数字地震学也迅速发展，震源机制的矩张量反演、地震破裂过程、介质各向异性、深部界面研究、地下结构反演、三维走时表、地震噪声成像、波速比等数字地震学成果层出不穷，并应用到地震预测、地震应急等工作一线，直接服务于科学和社会。

根据均匀布台原则，为保持台网具有一定的空间分辨率，中国数字地震观测台网系统分为国家数字地震台网、区域数字地震台网和流动数字地震台网3个层次。

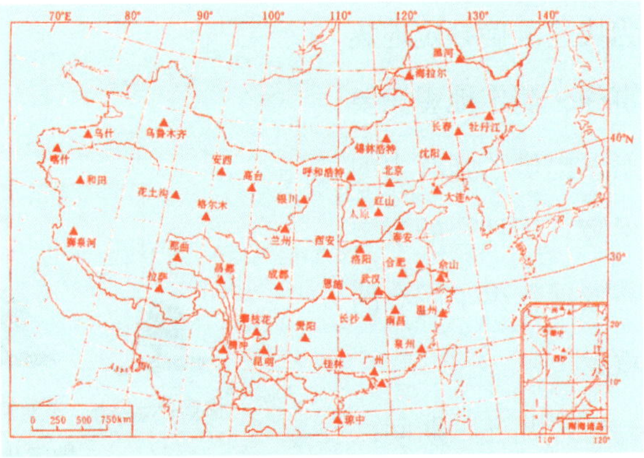

国家数字地震台站分布图

国家数字地震台网是中国数字地震观测系统中极其重要的组成部分，是覆盖全国范围的大跨度、高质量数字化地震台网。国家数字地震台网采用国际先进技术设备和技术手段，在全国范围内最接近真实地记录地震引起的整个地面运动过程，为地震预报、地震学研究以及减少地震灾害提供充分和完善的基础数据服务。

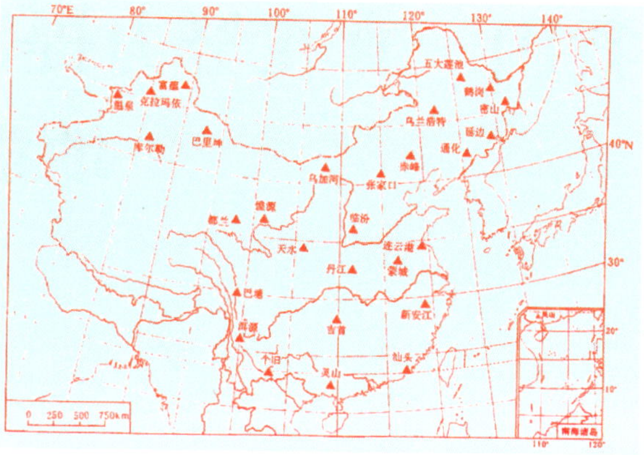

有人值守区域数字地震台站分布图

国家数字地震台网中心是我国数字地震观测数据的收集、管理、保存、处理和提供各种服务的中心，采取网络式结构，由5个按功能划分的数据处理系统组成。5个数据处理系统分别是：地震数据收集和台网管理，地震速报和应急处理，原始波形和事件数据暂存数据库，地震数据的常规处理，测震数据管理和服务。

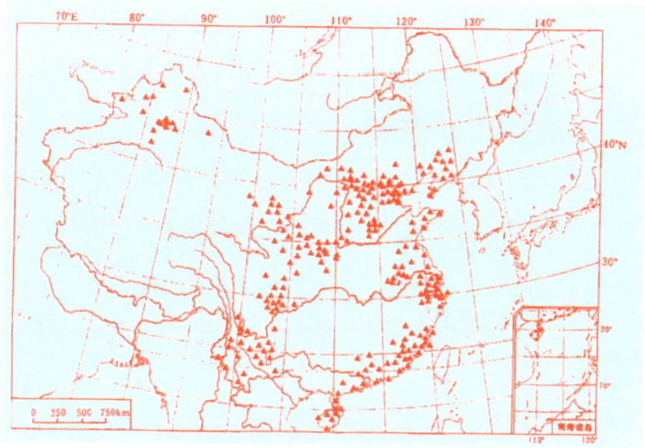

遥测数字地震台

区域数字地震台网是以省、自治区、直辖市为主的地震台网。根据数据传输方式和任务的不同，区域数字地震台网由30个有人值守地震台站和无人值守实时传输的遥测数字地震台网组成。

流动数字地震台网主要用于地震现场临时观测，或者为某一科研课题服务开展野外观测。

我国一直在努力提高地震监测能力

地震监测是指在地震来临之前，对地震活动、地震前兆异常的监视、测量。目前地震监测主要有几种划分方法，最常用的一种是专业（仪器观测）与群众（人工观察）之分。专业指地震台站，主要用监测仪器，如水位仪、地震仪、电磁波测量仪等，用来监测地震微观前兆信息；群众指一些群测点，主要靠浅水井、水温、动植物活动异常等手段，来观察地震前的宏观异常现象。

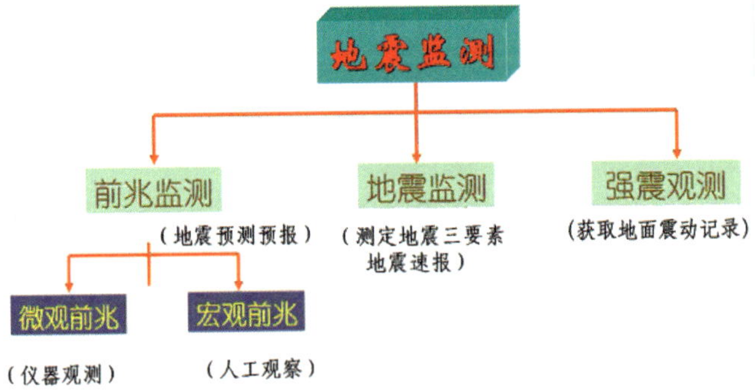

提高地震监测能力是开展地震预测预报研究的重要基础。目前我国建成了3100多个地震监测台点，布设了总长度达数万千米的流动观测线路，

形成了覆盖全国的地震观测网络，进一步提高了地震监测能力和地震速报能力。

中国地震局专门制定了全国7级地震危险区强化监视跟踪方案。针对地震重点地区持续强化监测，2014年完成了1675个流动地磁测点、6700个重力测点的观测。

同时，我国通过实施国家重大项目“首都圈地震观测网络”“中国数字地震观测网络”“中国大陆构造环境监测网络”等项目，基本建成了地震背景场观测台网，地震监测体系初具规模。

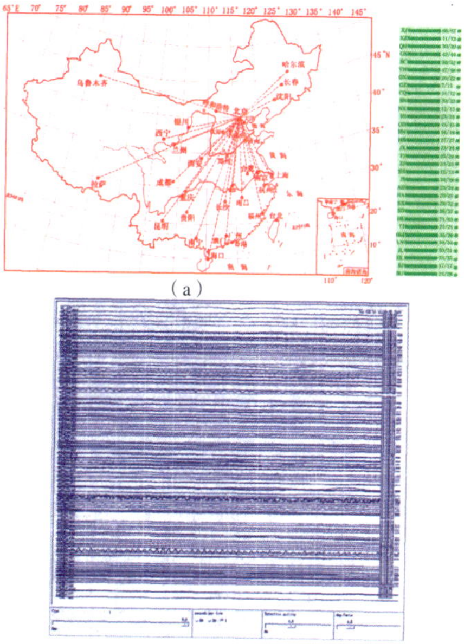

（a）

（b）

全国地震实时数据流监测界面

（a）全国台网实时监控界面；

（b）全国台站实时监控界面

这些测震台网覆盖了我国大陆约90%的国土面积。目前，我国地震监测台网具有监测$M_L \geqslant 2.5$地震能力的面积超过了国土面积的½；¼左右的面积具有监测$M_L \geqslant 3.0$地震的能力，另有近¼的面积（青藏高原大部分地区）具有监测$M_L \geqslant 4.0 \sim 5.0$以上震级地震的能力。全国的监控能力可达$M_L \geqslant 4.0$地震，东部重要省会城市及其附近具有监测$M_L \geqslant 1.5 \sim 2.0$地震的能力，首都圈地区具有监测$M_L \geqslant 1.0 \sim 1.5$地震的能力。

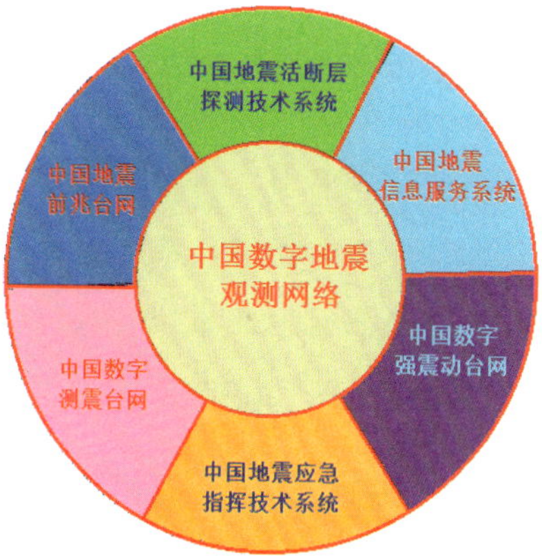

中国数字地震观测网络

目前，全国⅔的国土面积能实现地震自动速报，一般在震后1～3分钟给出自动速报结果，正式速报在10～30分钟内完成。

【背景资料：建立地震监测信息共享平台】

《中华人民共和国防震减灾法》第二十五条规定：“国务院地震工作主管部门建立健全地震监测信息共享平台，为社会提供服务。”

近年来，我国已将信息工作提到战略高度，科学数据管理与共享工作也已纳入各行业或部门的工作规划。有些部委相继成立了专门的信息中心，由信息中心汇集、整理和管理本部门采集的各类数据，并向用户提供信息服务以及相应的技术支撑，成为所在政府部门向社会提供公益性、基础性服务的重要窗口。与此同时，我国科技界积极采用数字化手段采集科学数据，加大对原有历史资料数字化工作的力度，相继建立了一大批科技数据库系统，并开始在因特网上提供信息服务。我国信息化建设已步入信息网络化发展阶段，国家信息基础设施建设蓬勃开展，“信息高速公路”正以极快的速度发展，为科学数据的广泛、方便、快捷共享提供了技术保障。

2004年10月中国地震局成立了中国地震台网中心，具体承担中国地震局业务工作信息的网络发布和数据共享服务，承担数据共享门户网站的建设与运行管理，以及数字地震、前兆资料库建设与共享技术研究。中国地震台网中心在“十五”完成的中国地震局重点项目“中国数字地震观测网络”，包括1个国家级地震信息服务系统中心；40个区域级地震信息服务系统节点；60个大中城市地震信息服务系统节点；300个县级地震信息服务系统节点；300个地震台站地震信息服务系统节点；5个高校、科研单位地震信息服务系统节点；2套地震现场地震信息应急通信系统。中国地震信息服务系统在上述行业网络的基础上，建设地震数据信息共享系统和网络地震信息服务系统及中国地震局政务信息系统，构成完整的中国地震信息服务系统。

中国地震信息服务系统的建设，保证了国务院抗震救灾指挥部和区域抗震救灾指挥部在大地震时应急指挥信息和通信的需要，以及地震应急响应、监测预报数据信息的快速传递与共享；保证了对我国大陆地震活动的常规监测和日常地震预报跟踪、科学研究的数据信息传递和共享的需要，大大提高了我国地震信息系统的服务能力。

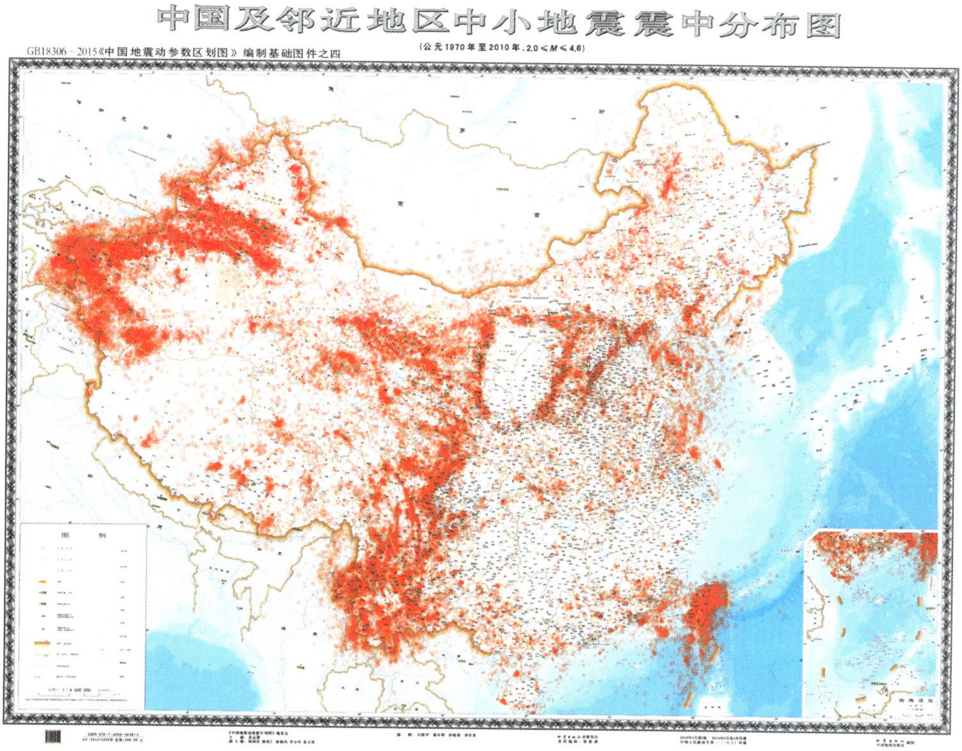

目前的地震监测台网和强震动台站布设情况

目前，我国有 1 个国家测震台网和32个省级测震台网组成的覆盖全国的地震监测台网及1041个正式运行的测震台站。其中包括148个国家台站（含境外台站 4 个）、814个区域台站、33个火山台站以及2个台阵的19个台站点。所有正式运行的测震台站，均以实时数据流的方式进行全国数据交换。

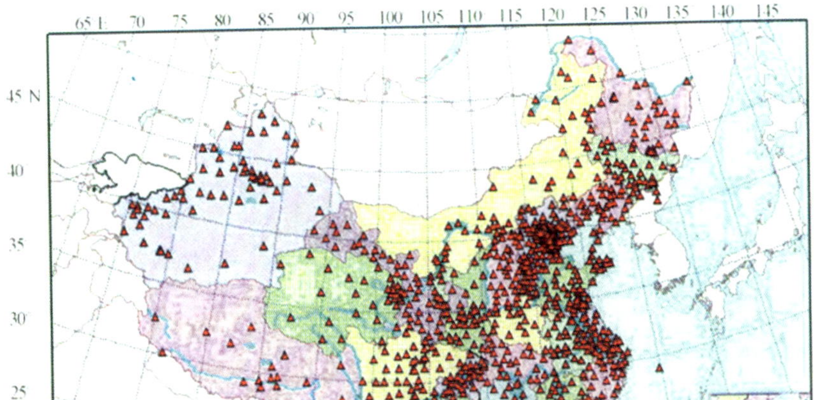

中国大陆测震台站分布图

与测震台站平均分布在各省不同，我国的强震动台站根据地震危险性的不同主要分布在21个地震重点监视防御区内，其中固定强震动台站共计1152个，另外还有北京、天津、兰州、昆明和乌鲁木齐五大城市烈度速报台网共计烈度速报台站300个。除了部分重点区域正在改造和部分新建的台站具有数据实时传输功能之外，其他强震动台站均以事件触发的方式进行数据回传。

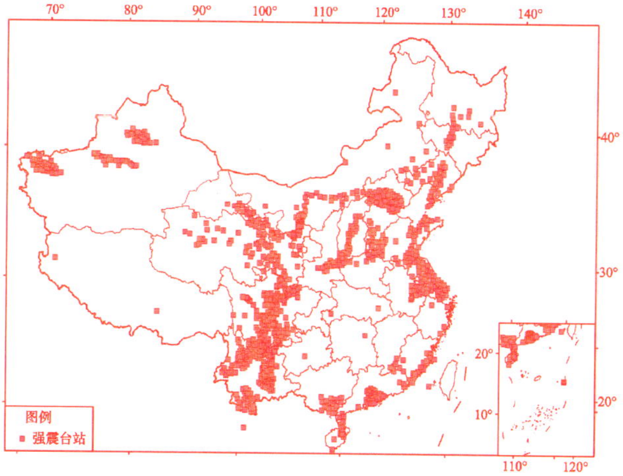

全国强震台网分布图

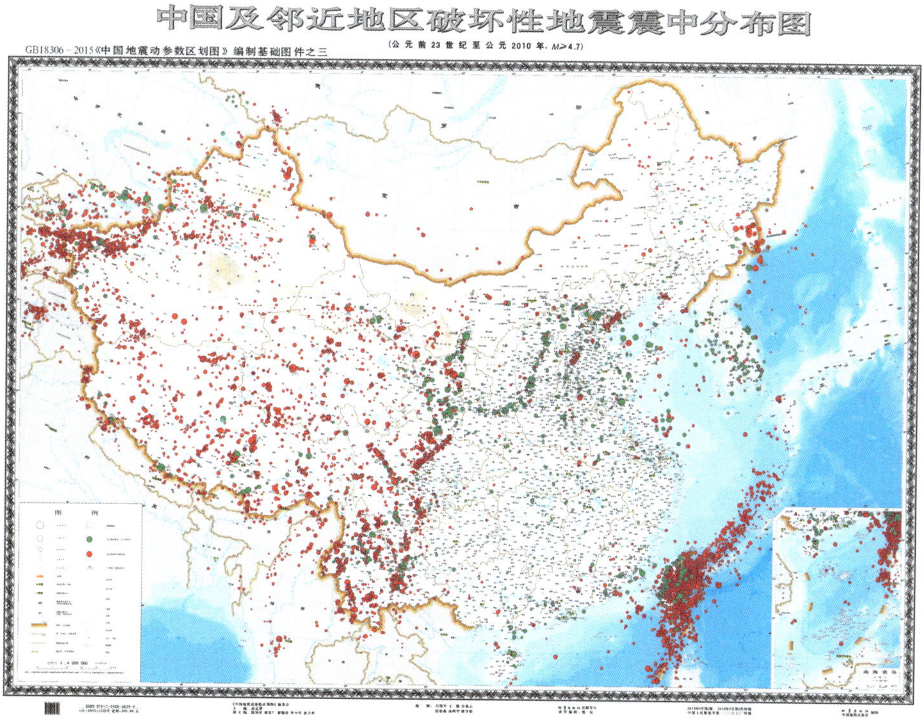

在信息时代强震动观测的应用越来越广泛

概括地说，强震动观测的主要任务是：为解决地震工程学中的根本问题，尽快获得和积累足够数量的、有意义的观测记录，以及改良记录的处理和分析方法，从取得的记录中提炼出更多有用的信息。

——中国地震局工程力学研究所副所长、研究员　李山有

破坏性地震引发的地面剧烈震动和地表破坏，是造成地震灾害的直接原因。为了最大限度地减轻地震灾害，一种有效的、现实的途径，就是合理地描述和预测工程场地的地震动，并据此对工程结构进行抗震、隔震设计。而作为这一技术途径的基础，就是人们必须首先了解地震时的地面运动特征以及结构物的内在抗御地震能力。

强震动观测（Strong Motion Observation），就是利用仪器来观测地震时地面运动的过程以及在其作用下工程结构的反应情况，也是取得地震破坏作用和结构抗震性能认识的来源。强震动观测数据不仅是制订地震区划图和

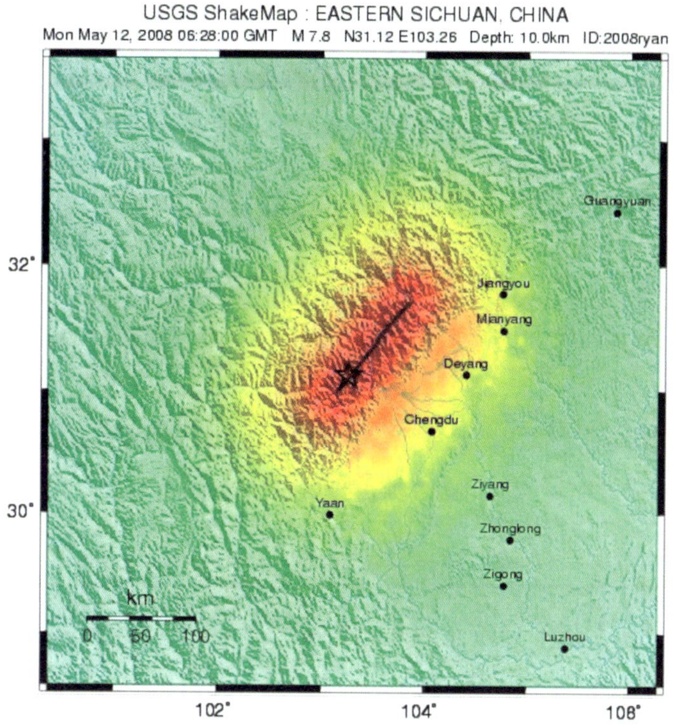

应用软件绘制的汶川地震地震动图

各类工程结构抗震设计规范、评估和预测地震灾害的主要依据，而且也是科学地开展震灾预防、地震应急、救灾与重建等减灾工作的不可或缺的基础资料。强震动观测的独特作用在于：

——可以提供定量的数据；

——可以测量地震破坏作用的全过程；

——能够分别研究并测量导致建筑物破坏后果的各种因素；

——在地震预警方面有独特作用。由于数字强震仪可以记录加速度为2g的强地震动，不会出现常规地震仪的大震记录限幅现象，所以现代地震预警系统通常以强震动观测台网为基础。

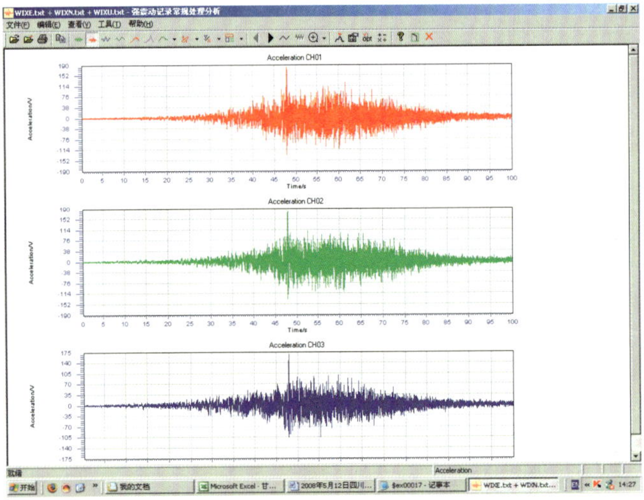

强震动记录的处理分析

为了系统研究对地震动有重要影响的各因素的影响规律，只靠稀疏的单个台站的单台仪器是不够的。为此，需要根据研究目的和具体条件，布设一群仪器，即台阵。

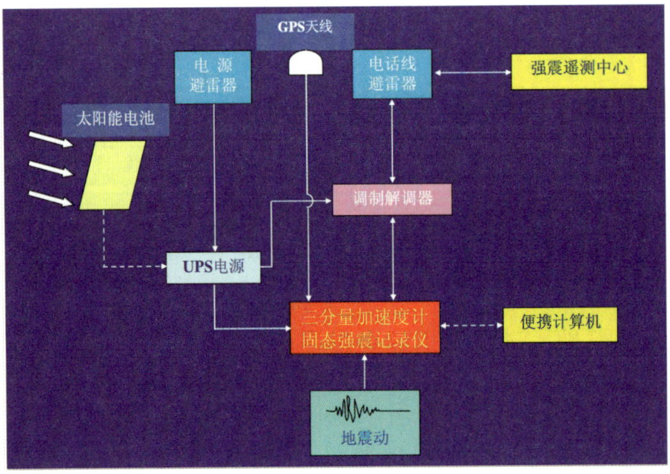

数字强震动观测台站示意图

近年来，随着实时或近实时数据传输的数字强震仪的广泛应用和强震动观测台网规模与密度的显著增大，强震动观测不再局限于为近场地震学研究和地震工程学研究提供基础数据，而是拓宽到直接服务于减轻地震灾害实践。比如：地震动强度（烈度）速报、地震预警、震害快速评估、地震应急反应与智能控制，等等。随着强震动观测应用领域的拓宽，这项工作在防震减灾事业中的地位也得以大幅度提高。

国家强震动台网中心网页

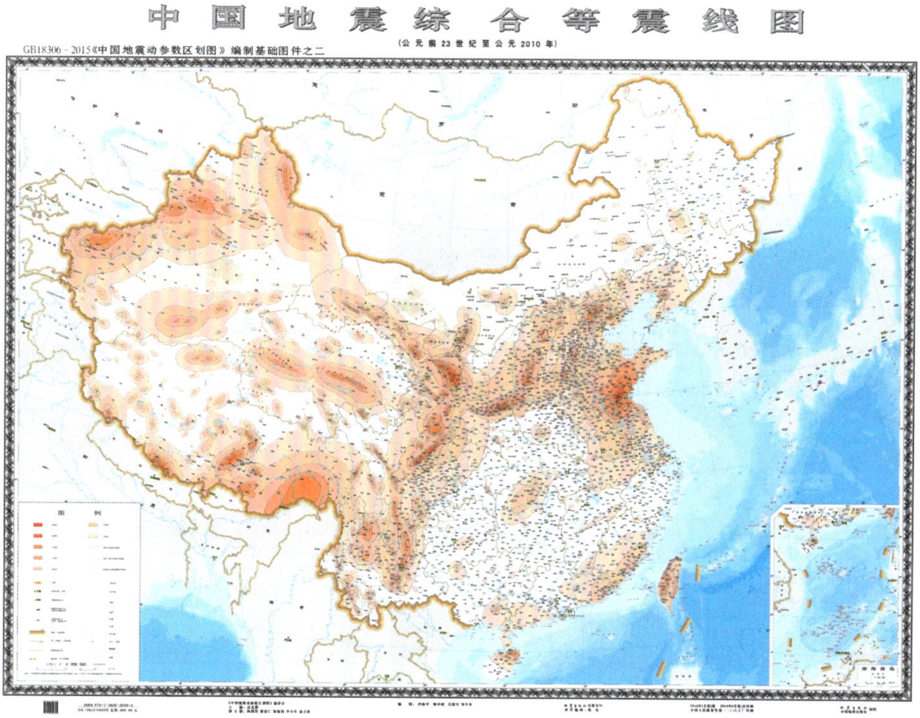

通过资源整合建设统一多用途的监测网络

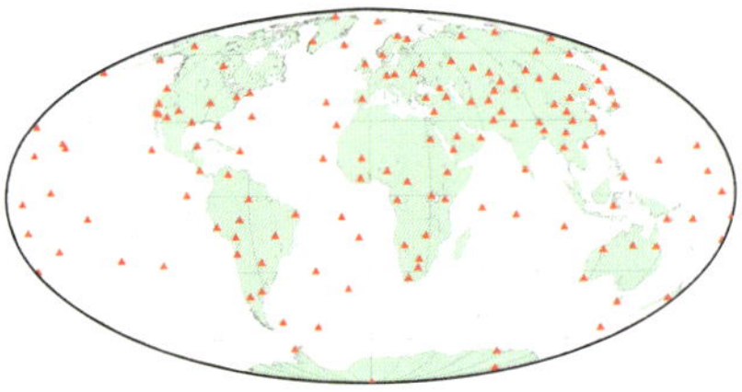
世界地震台网

随着国民经济的快速发展，我国地震监测台网的发展也日新月异，在设备性能、技术系统、台网密度等方面，正逐步接近发达国家的水平，同时积累了大量的观测数据。有效地利用这些监测资源，整合构筑统一标准、多用途的地震监测网络，拓展服务领域，是互联网蓬勃发展和大数据时代地震监测台网为社会和公共安全服务的重要发展方向。

野外台基勘选

首先，应整合各级地震监测台，建立共享资源的网络。目前，我国在地震监测网络建设上的投入有多种渠道，如中央有专门的建设经费、地方有各自的建设经费等。不同的主管部门也分别

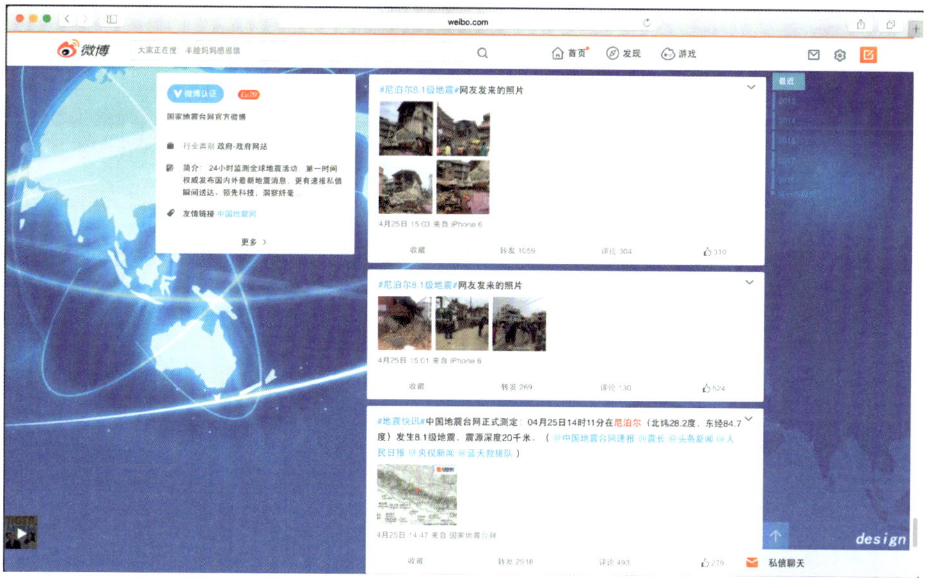

建设了国家级、省级和市级台网。

尽管台网的数量较多，但是目前存在的主要问题是台与台之间较为独立，并没有实现信息以及监测资源的共享。对于地震监测这样一门复杂的技术来说，如果不能实现资源以及信息的共享，就很难从全局进行工作。

因此，可以首先整合省级的台网，实现全省内的信息资源共享；然后，再进行全国资源的整合。这样，利用云技术，就可以实现全国范围内地震监测资源的共享。

其次，整合多个行业的系统资源，构建全国性的技术平台。我国目前经济发展迅速，很多行业如旅游业、建筑行业等都需要建设自己的监测系统。如铁路地震监测台网、水库地震监测台网、火山地震监测台网等。不同的建设主体，对这些地震监测台的建设提出了不同的要求，也都是对区域性地震监测台的补充。因此，将不同行业的专业性的地震监测台网融入到区域网络中，优化整合，可以实现区域地震监测台最大潜能的发掘，从而提升区域地震监测能力和防震减灾能力。

最后，整合针对不同目的的监测系统资源，构建统一网络。很多地震监测系统是根据不同的目的来进行建设的，如强震动监测台、烈度速报台等的建设，都具有一定针对性。实现这些基于不同目的建设的地震监测台的统一，具有非常重要的现实意义。从技术上来看，以速度型传感器为主的地震测试和以加速度传感器为主的强震仪，在时间、频带以及分辨率上都很接近。在一定的条件下可以通过统一处理，实现监测系统的有机整合。

【背景资料：地震前兆】

地震前兆是与地震孕育和发生相关联的异常现象。由于地震的孕育和发生是很复杂的自然现象，因此在这个过程中，可能会出现地球物理学、地质学、大地测量学、地球化学乃至生物学、气象学等多学科领域中的各种异常现象。

经过专家的系统清理和研究，自1966年邢台地震以来，我国已在70多次中强以上地震前记录到1000多条前兆异常。这些异常可归为10大类，即地震学前兆、地壳形变、重力地磁、地电、水文地球化学、地下流体（水、汽、气、油）动态、应力应变、气象异常以及宏观前兆现象。

每一类前兆又包含多种监测手段和异常分析项目。如地壳形变包含有大面积水准测量、断层位移测量、海平面观测、湖面观测、地面倾斜观测等手段。地震学前兆分析项目是各大类前兆中最丰富的，包括地震活动分布的条带、空区集中、地震频度、能量、应变、*b* 值、震群、前震、地震波速、波形、应力降等30多种异常分析项目。

宏观异常项目也是丰富多彩的，如地声、地光、光球、喷水、喷油、喷气、地气味、地气雾，井水翻花、冒泡、突升、突降、变色、变味、井孔变形、各种动物行为的反常现象等。

地震计

测震设备

必须指出的是，在实际工作中经常会发现，各类宏观异常出现之后，并没有发生地震。注意观察的话，几乎天天都可在某些地方发现某种宏观异常现象，但破坏性地震并不天天发生。在全国范围内，较多时一般也不过一年发生一两次，少时几年发生一次；对一个地区而言，常常是几十年乃至几百年甚至一两千年，才会发生一次破坏性地震。这说明，引起宏观异常的原因可能是多种多样的，地震活动只是其中的原因之一。

大数据技术能够带给地震预报研究很多启示

大数据时代会给人类社会、经济、生活方式、创新思维带来一系列变革。地震监测也一样随着大数据时代会有新的变革，会改变现有地震监测预报思维模式和方法，这必将促进地震科学的创新和发展。

地震是地球的诸多现象之一，地球又是一个多圈层的系统。随着人类获取数据、使用数据能力的重大突破和进展，数据当中隐藏的规律和趋势将不断被挖掘利用，给探索地球各种现象和减轻自然灾害，特别是地震机理，带来新的途径。

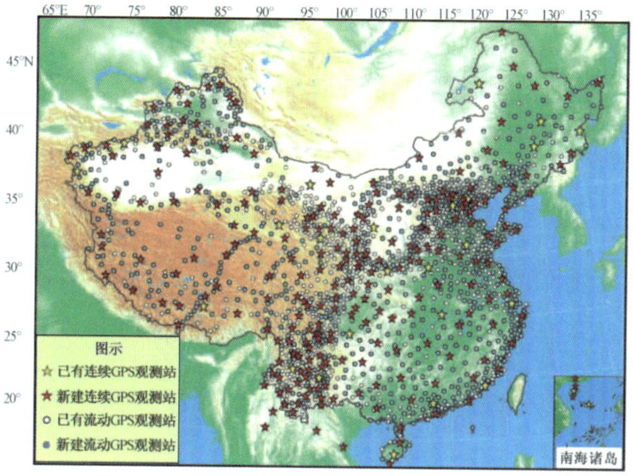

国家GPS观测网分布

地震数据主要包括地震波形数据和前兆学科观测数据、地震探测数据、地震调查数据、地震考察数据、地震试验数据、地震应急救援数据、地震科学研究数据等，其中以地震观测数据为主。仅就观测产出的数据而言，就已经符合大数据的全部主要特征：

地震观测产出数据量巨大，日产出量在200TB以上，历史数据存储量达到EB级；地震监测手段多，有测震学科（如火山和水库微地震观测、密集台阵观测、地震定位台网、强地面运动观测网）、形变学科（如重力、倾斜、应力、航空观测、GPS）、电磁学科、流体学科、流动观测点以及宏观异常统计等，地震台站数量、采样率、仪器种类日趋增多，地震所涉及的领域众多，既与地球内部物质运动演化有关，也与气象、天体运动有关，形成了多样性的数据特征；不仅各学科数据生成速度快，而且实现了连续的、可实时查询的数据流。

大数据仓库

地震数据是地球科学特别是固体地球科学的基础数据。受限于各种原因，我国地震台站监测和前兆台站监测密度低，同一测点采取的综合观测少，极大地限制了大数据的获取，导致地震观测数据价值密度低。可以说，到目前为止，大数据战略思维在地震行业还未得到充分应用。随着国家财力增强，台站观测密度不断增大，数据量还会不断增多。目前亟需研究和开发有效汇集、存储海量数据的大数据技术，以实现数据集中分析和深度挖掘。

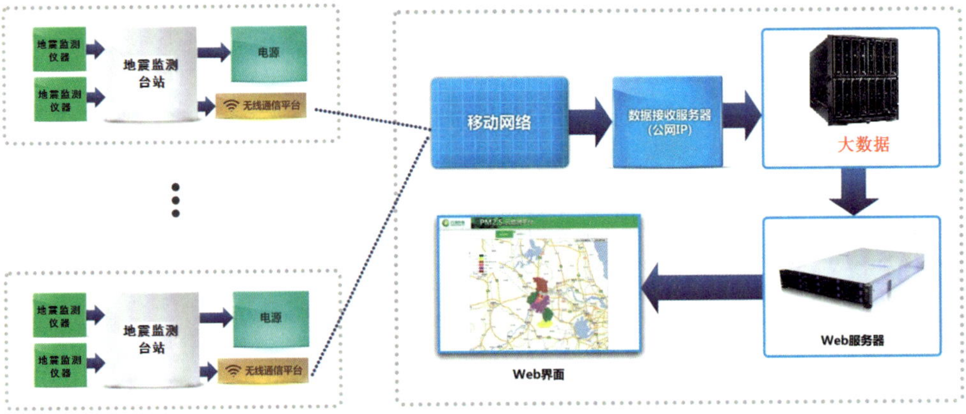

地震云监测平台技术架构

在互联网时代，对天然地震的观测也发生了巨大变化。地震观测呈网络化、信息化趋势，大量的地震观测数据得以远程传递、集中与共享。近几年，随着互联网、物联网的发展，使密集地震观测得以实现，为探索地震成因和地震监测预报工作丰富了新的数据。大数据思维将改变我们对地震数据的认识和理解，尽管地震数据在技术系统上并没有形成大数据技术体

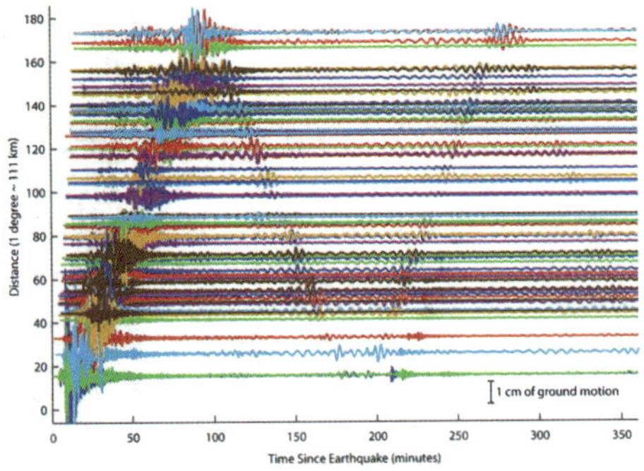

苏门答腊-安达曼大地震全球地震台网记录

系，但大数据思维对地震监测预报发展有一定借鉴意义。

地震学发展已有百年历史，但地震预测的水平还很低。地震孕育和发生与哪些观测有关，或哪些现象可能与地震有关等问题，都需要借助积累的经验和数据进行全新的分析。在地震预报研究方面，大数据技术可能会给我们很多启示。

大数据让地震预测不再热衷于寻找因果关系。有了丰富的共享基础数据，地震预测预报工作者，将以密集观测和多样本分析为基础。这样，更有可能发现哪些地震前兆与地震有真正的关系。因此，在大数据的背景下，相关关系会促进地震预测水平，提高地震预测的可靠性。

大数据时代更需要高密度综合观测，让地震工作者看到更多以前无法被关注到的细节，提高分析研究者的洞察力。大数据还会促进部门间、地区间、国际间地震数据融合，加速数据实时分析，提升短临预测价值。

大数据也在改变地震监测预报方式方法。大数据是多样本甚至是某一现象所有样本的数理统计，需要深度挖掘才能体现数据价值。在大数据时代，地震预测预报更容易对全球的观测数据进行汇总和挖掘，不仅仅局限于中国

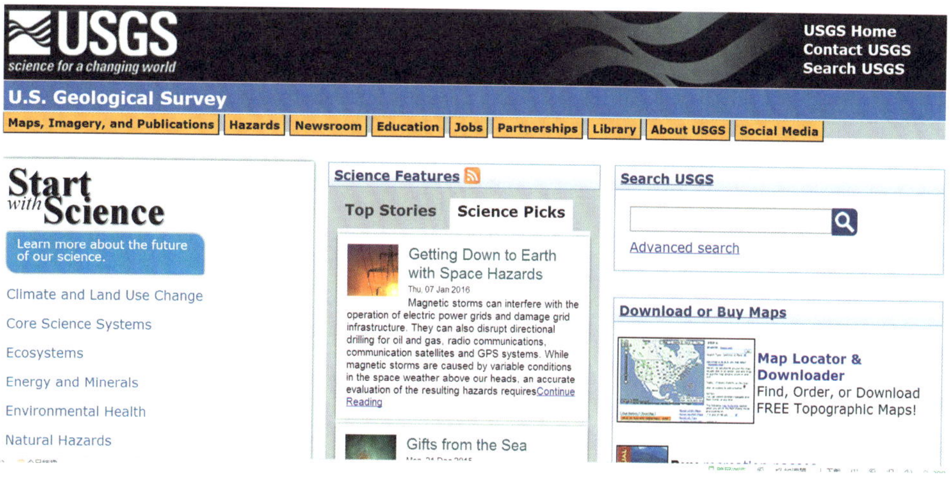

美国地质调查局（USGS）官方网站

现有的观测。这将极大丰富地震监测预报数据量，对于震情的把握更为准确。以往的有些数据模型、地震参数计算方法、前兆异常认识等等，都需要重新修正，从而获得更精准的答案。

美国总统奥巴马在宣布美国大数据时代计划时，提到了美国地质调查局（USGS）的任务之一，就是全面搜集全球地震数据，认识地震过程。这反映了美国要为认识地震做准备。

“大数据”时代的到来，对于地震工作具有重要意义，从某种程度来看，能否使用好掌握的“大数据”，挖掘好地震大数据，直接关系到防震减灾事业未来发展前景。目前，中国地震局已认识到充分利用地震大数据加强公共服务的重要性，正在加快开展震情监测，不断完善地震信息公共平台，加快推进地震信息大数据的应用。

对于地震监测预报工作者来说，要适应大数据时代的发展，需在“掌握信息”的基础上“获取洞察力”，进而“采取行动”，进行“优化决策”，不断地“学习”，从地震大数据实践中获得反馈，提高地震监测预报水平。

可以说，当前地震数据已极大丰富。关键在于地震系统各部门如何更好地利用这些数据，发挥其内在价值，最大限度服务于防震减灾工作。

第三章

互联网+地震应急救援：及时收集信息，科学组织抢险

人类应对地震灾害，除了要采取先进的地震监测预警技术，在地震发生破坏之前迅速传递信息之外，震后快速、高效的地震应急处置，也是减少地震灾害的一个关键环节。如何高效快速应对地震灾害，第一时间做出科学、正确的指挥决策，越来越被包括中国在内的各国政府所重视。大数据和互联网，为我们及时收集内容全面、形式多样的信息和科学组织抗震救灾抢险提供了新的可能。

互联网/地震

根据位置和震级大小，精准推送
6级以上，全网推送，覆盖3.3亿用户
CENC
中国地震台网中心
头条
今日头条
你关心的
才是头条

我们早期的地震速报就是三要素：时间、位置（经纬度）、强度。现在记录的能力提高以后，可以产出好多产品，地震怎么破裂，破裂的过程，什么时间释放的能量最大，我们可以通过网络收集各种信息，通过计算得出需要的数据。这对我们开展防震减灾工作具有非常重要的意义。

——中国地震台网中心研究员　蒋海昆

在应对地震中互联网的力量开始超越传统媒体

2008年5月12日14时28分，四川汶川发生8.0级特大地震。地震发生后，各种媒体先后行动起来，一起投入了抗震救灾的报道工作。各种传统媒体充分发挥各自优势，互联网同样发挥了不可低估的作用，其作用从某种程度上说甚至超越了传统媒体。

汶川8.0级地震中被破坏的建筑物

地区	伤亡人数	截止时间
甘肃	364人遇难，4998人受伤	5-14 20:18
·陇南	死亡246人，2607人受伤	5-14 12:04
·甘南	死亡2人	5-12 晚
陕西	106人死亡，1106人受伤	5-14 18:07
·汉中	死亡35人	5-13 16:30
·宝鸡	死亡30人	5-13 16:30
·西安	死亡22人	5-13 16:30
·咸阳	死亡13人	5-13 16:30
·安康	死亡3人	5-13 16:30
重庆	死亡11人	5-13 18:04
湖北	伤12人	5-12 21:00
河南	死亡2人，伤5人	5-12 19:00
云南	死亡1人，伤9人	5-12 19:00

刊登汶川地震信息的报纸也被搬上了网站

14时37分，也就是在地震发生后的9分钟左右，新浪论坛即出现第一条网帖，网易、搜狐、天涯、腾讯等论坛迅速成立专题，让网民及时发布当地信息，第一时间使各地朋友了解地震所波及的范围，化解地震所带来的心理影响。

在新浪、腾讯、网易等论坛，诸多城市的网友纷纷发帖、跟帖表示感到震感。根据发帖数据不完全统计，海南、云南、四川、湖南、重庆、江西、湖北、北京、甘肃、山西、内蒙古等地的网友均感到不同程度震感。网友们还自拍上传现场照片。在新浪论坛上，有四川南充网友不仅发照片，还"滚动报道"，即时更新信息，讲述亲身经历。

截至5月19日22时，人民网、新华网、中国网、央视网共发布抗震救灾新闻（含图片文字音视频等形式）12.3万条，以此为主要新闻来源的新浪等几大门户网站共转载整合发布新闻13.3万条，上述网站抗震救灾新闻点击量达到116亿次，网友跟帖量达到1063万条。

与此同时，无数身在外地的四川游子纷纷打电话询问家中情况，但座机无应答，手机无信号，短信有去无回。危难时刻，互联网担负起了向家人报平安的重任。

发生地震的当天，恰处震中区域的四川阿坝州的电力、通信网络全部陷入瘫痪。正当外界因无法获得震中区域的灾情而万分焦急时，来自阿坝州政府网站的信息源神奇地绕过重重障碍，通过互联网源源不断地向外界传递灾区信息。

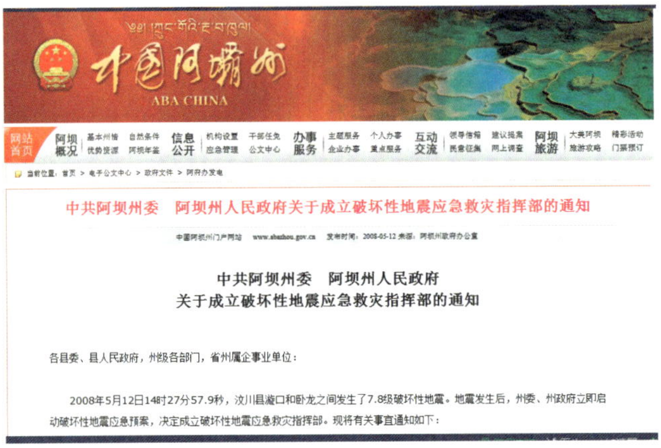

中共阿坝州委　阿坝州人民政府关于成立破坏性地震应急救灾指挥部的通知

中国阿坝州门户网站　www.abazhou.gov.cn　发布时间：2008-05-12 来源：阿坝州政府办公室

中共阿坝州委　阿坝州人民政府
关于成立破坏性地震应急救灾指挥部的通知

各县委、县人民政府，州级各部门，省州属企事业单位：

2008年5月12日14时27分57.9秒，汶川县漩口和卧龙之间发生了7.8级破坏性地震。地震发生后，州委、州政府立即启动破坏性地震应急预案，决定成立破坏性地震应急救灾指挥部。现将有关事宜通知如下：

2008年5月12日阿坝州政府网站的信息

搜狐第一时间推出“加油中国”专题，通过这个平台，网友用视频、图片、文字等形式将灾区的信息传递出来。有网民甚至借助这个平台成功地发出了求助信号。

新华网从官方的角度报道汶川地震灾情，以及国家对于此次地震的紧急处理办法、态度、资源支持情况等，让人们在关注地震的同时，从理性的角度看待灾难。

网上发布的汶川地震救援现场照片

各大网站把汶川灾情传递给网民的同时，博客、播客、论坛、圈子等多种互联网产品也纷纷推出相应的专题内容。由新浪播客推出的《四川，你别哭泣》MV短片，在网民中引起极大的关注和讨论，不少媒体纷纷跟进采访。央视《新闻调查》以及湖北卫视《今晚六点》等地方卫视栏目也先后从各大网站选用了多个视频。

互联网支付平台也逐渐成为为灾区人民募捐的最快捷方式。在前方救灾工作迅速推进之时，各主流网站纷纷提出倡议，积极组织民间募捐活动，并迅速推出了捐款联系方式和账号。

2008年5月12日阿坝州政府网站公布捐赠账户及捐赠热线

博客联盟向广大网友发出捐款倡议。人民网强国博客联合四川在线博客、博联社、博客中国、和讯财经博客、凤凰博客、中国网博客、中国经济网博客、千龙博客、红网秀客等主流博客网站组成博客联盟，积极响应红十字会的呼吁，向广大网友发出倡议。

在新浪网的调查中，表示“会想办法捐款捐物”的网友占73.2%；表示“会在网络上为灾区同胞祝福”的占20.9%；还有2.9%的人表示“我距离灾区很近，响应号召去现场救灾”。

各地爱心基金携手各大网站进行网络捐赠。各新闻网站及时报道各大型企业的捐赠情况，给更多企业捐赠树立了榜样。

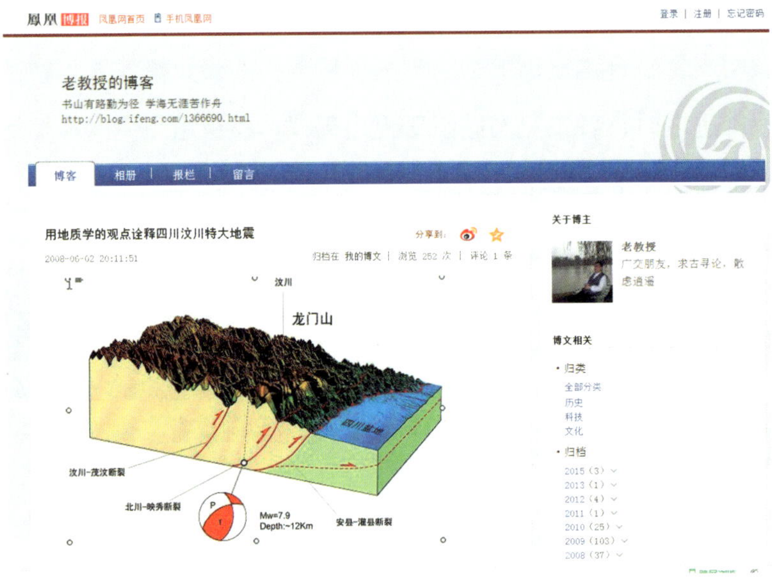

传播地震信息的凤凰博客

互联网上的信息来源非常广泛，在各种信息中，隐藏着许多高价值的情报。但是，由于很难判断网络信息的可信度，即使是具有很高价值的情报往往也会被淹没在浩如烟海的网络信息中。政府、企业等组织机构如果能够有效甄别网络中各种信息的价值，采集具有高价值的情报，对于进行危机管理将大有益处。

在本次抗震救灾中，出现了一个典型事例。2008年5月14日10时，网上流传起一篇题为《希望大家顶起来！》的帖子。很快，帖子在各个QQ群中广泛传播。在该帖子中，网友称，距离汶川县城往成都方向仅7千米的七盘沟村山顶特别适合空降。5月15日，在该帖经过近2000次的转载后，四川省抗震救灾临时指挥中心军方指挥人员电话联系上了发帖人——茂县女孩张琪，核实情况后参考帖子信息，军用直升机成功空降汶川。

sina 新闻中心 新闻中心 > 社会新闻 > 四川汶川强烈地震专题 > 正文

女孩网上发帖助军用直升机成功空降汶川(图)

http://www.sina.com.cn 2008年05月19日20:04 华龙网

女孩网上发帖助军用直升机成功空降汶川

经过近2000次转载后被军方指挥层采纳

“我是汶川人，有个地方特别适合空降！”14日上午10时，网上突然流传起一篇题为《希望大家顶起来！》的帖子，一瞬间，帖子在网上广泛传播。

该网友称，距离汶川县城往成都方向仅7公里的七盘沟村山顶特别适合空降。该帖经过近

在时间就是生命、灾情就是命令的时候，互联网成为快速挽救生命的一条“新通道”，是全国人民抗震救灾的特殊阵地。互联网第一次在人类抗击灾害中展现出了有力的支援力量，为国家应急机制的完善提供了一个途径。

从应对汶川地震开始，互联网逐渐成为一条抗震救灾的统一战线，充分展现了它应对突发事件的巨大能量。

新媒体的先进技术改变灾害的救援和报道进程

四川省雅安市芦山县“4·20”7.0级地震已经造成严重的人员伤亡和经济损失，目前有关抗震救灾工作正紧张有序进行。地震发生后，中国地震局和中国地震台网中心快速测定了本次地震的参数。根据地震情况，立即启动Ⅰ级地震响应。中国地震局地震现场应急工作队已赶赴灾区。

——中国地震台网中心主任　潘怀文

2012年美国飓风，《时代》杂志全程用Instagram做报道，谷歌特别制作了飓风地图，Airbnb和纽约政府合作为飓风受害者提供免费住房……互联网对灾难的应急处理能力得到全社会的认

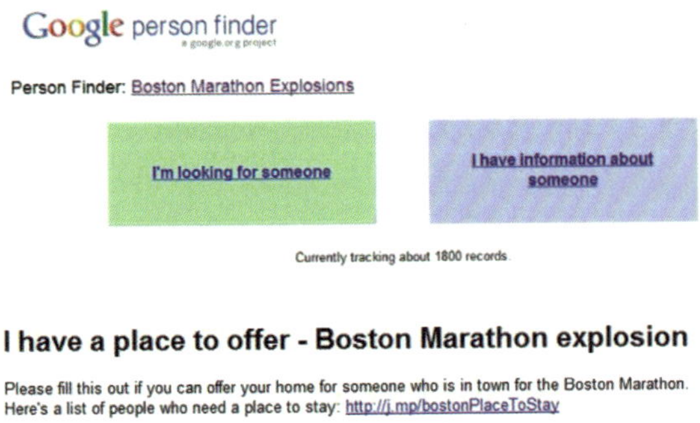

谷歌为美国波士顿爆炸案提供寻人服务

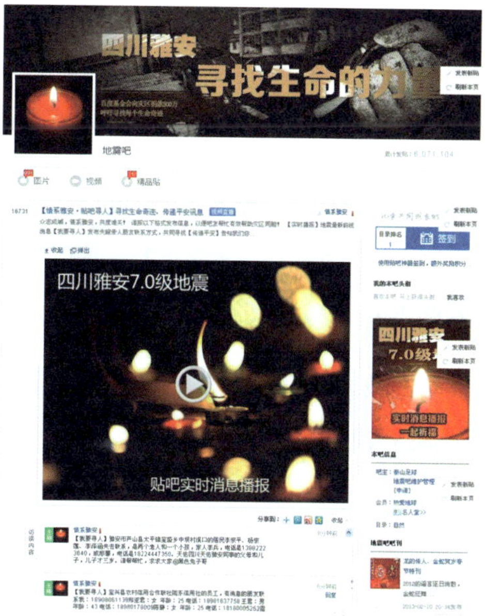

可。在美国波士顿爆炸案中，谷歌重启“Person Finder”页面，方便人们获知失踪及伤亡信息，同时也方便个人提供亲友失踪及伤亡情况。

面对2013年4月20日的雅安芦山地震，中国互联网也在第一时间做出反应，全程参与抗震救灾工作。

20日8时15分，搜狐新闻客户端值班人员率先发出四川雅安7.0级地震PUSH信息；8时18分，手机搜狐、搜狐新闻客户端地震直播间同时上线，在直播中加入寻亲、报平安环节。手机搜狐直播最高同时在线人数超过160万，直播间留言超过15万条；搜狐新闻客户端截至22日19时在线人数223万；同时，手机搜狐启动大事件报到专区，新闻客户端要闻帧展开报道；20日9时09分，寻亲、报平安汇总页面上线，截至22日19时共收集信息1.2万余条；21日20时前后，手机搜狐直播间率先实现音频播报功能，首次将来自灾区的声音通

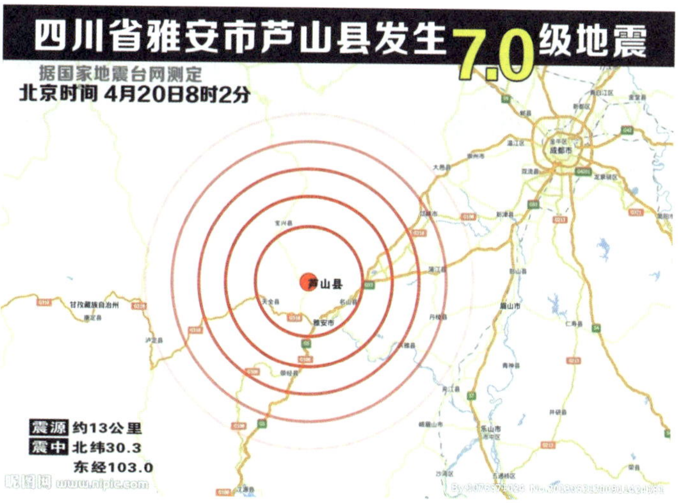

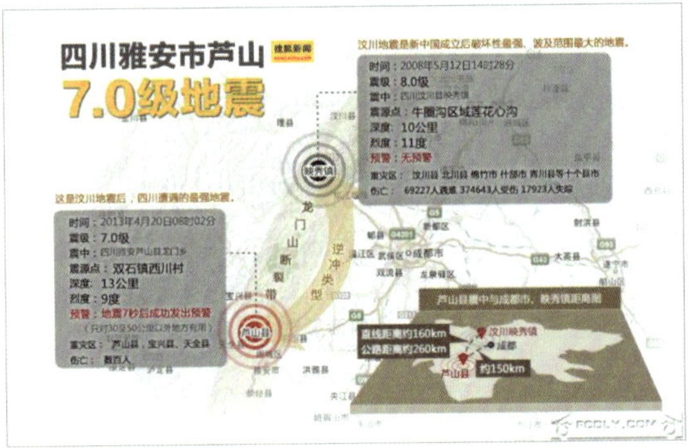

过直播间传递给广大网友。

雅安芦山地震发生后，在各界为救灾不遗余力的时候，IT领域的技术人员也展开了积极的行动。一些APP应用开发者针对雅安灾情开发了各种特别版的APP应用。有的用互联网地图技术标示灾区情况，有的向灾区外的民众传递救灾知识，还有的打通一个平台，让广大网民为灾区献爱心。

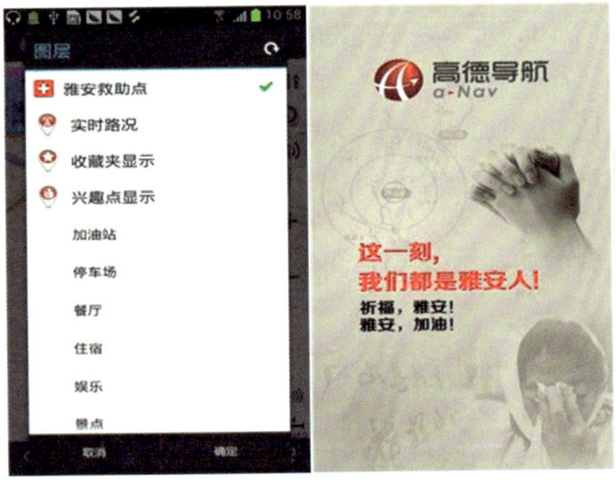

高德导航HD版

极少免费过的高德导航HD版在2013年4月20～29日提供给用户限时免费。在地图数据与公众版相同的基础上，高德新增了4个功能，分别是雅安救助点图层、雅安行车公告、位置分享、救助通道。

其中的雅安救助点，在图层功能选择雅安救助点后，返回地图，即可看到最新公布的救治医院、救援车、定点加油站和救助站等救助点位置；长按某位置点，则可观察救助点详情。伤者可随导航尽快找到救助点，救助人员尽快施以伤者医疗，增加伤者生还机会。

4月20日下午，高德地图上线“雅安寻人救助平台”。雅安用户可以在“佳通互助—心情图层”发布震区相关的信息。各地用户可以在百度、360、谷歌、新浪微博等平台收集寻人信息发到上面。

很多知名网站的手机客户端都推出了地震寻人平台。用户可以提交寻人

信息（包含姓名、性别以及电话号码），也可以查看和转发信息。

手机客户端的地震寻人平台

在“墨迹天气”添加雅安城市，可以实时地看到雅安的天气、天气趋势、时景和各类指数。各地“墨迹”用户，可以通过时景，查看当地的街景和实际情况；还可以通过图片传送祝福给雅安人民。此刻，时景中显示的都是雅安人民互相传递正能量和全国人民对雅安祝福的照片。

雅安芦山地震发生后，没有人再怀疑新媒体正在凭借其先进技术，影响和改变重大灾害事件的救援和报道进程。

人们深刻感受到“互联网+救灾”所带来的一切

尼泊尔地震发生在喜马拉雅两个板块的碰撞带上。从1900年以来，尼泊尔强震非常活跃，仅此次地震周边就已经发生了8次强震。而从整个尼泊尔看，强震就更多了。目前认为喜马拉雅地震带的活动在短时间范围是加剧的；但从更大尺度时间看，目前还没有证据显示印度洋板块活动加剧。

——中国地震台网中心研究员　蒋海昆

据中国地震台网正式测定，北京时间2015年4月25日14时11分，尼泊尔发生M_s8.1地震，震中位置北纬28.2°，东经84.7°，震源深度20千米，位于尼泊尔著名旅游城市博卡拉。这是尼泊尔81年来的最强地震，首都加德满都等29个地区成为重灾区。有专家估计，地震强度是四川汶川地震的1.4倍。地裂雪崩，珠峰登山队被困，加德满都几成废墟，遇难人数不断增加……

尼泊尔地震发生后，中国民间救援力量几乎零时差启动应急反应，中国扶贫基金会、壹基金等公益组织和多家救援队迅速赶赴尼泊尔。有学者认为，这次是中国民间反应最快、规模最大的一次海外救援行动。中国的救援体系在多次历练中已迅速成长起来。

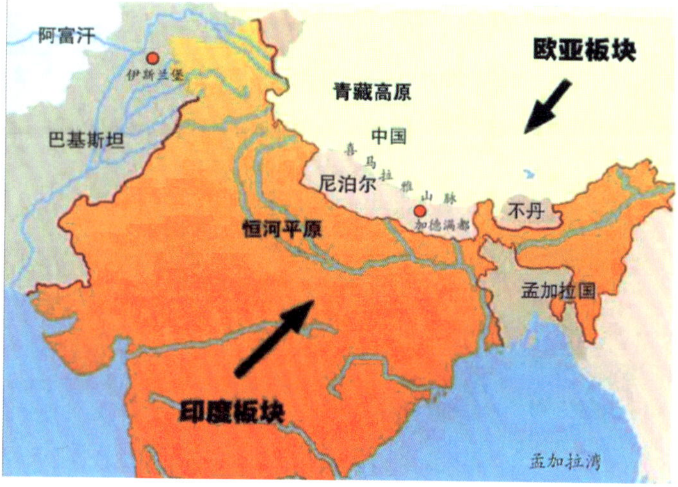

尼泊尔周边地区板块构造示意图

人们更加深刻地感受到了“互联网+救灾”带来的改变。网上募款平台，更能直观地显示民间爱心之沸腾。腾讯公益平台2小时40分钟后上线筹款项目。不到30个小时，腾讯网友为尼泊尔募款超1000万元，这也是截至当时中国网友针对海外灾难最大规模的捐款。

尼泊尔地震信息

朴信惠为尼泊尔地震捐款后被网友称赞

踊跃捐款的外国名人也获得了网民的赞许，朴信惠为尼泊尔地震捐款3000万韩元的消息一经网上发布，就被网友称赞：“人美心更美！”

“苹果”早在2010年海地大地震中就开始通过iTunes接受捐款；之后在2011年的日本海啸灾难中，又开通了iTunes捐款页面。这次尼泊尔地震，苹果也开通了iTunes捐款页面。

对比这几次强震，虽然灾难发生地不同，国民情感因素也有微妙差别，但这次网友的表现出人意料。外部的偏见舆论消融后，大家愈发清晰地意识到：中国人并不缺乏对外部世界关注的爱心和热情，最大问题其实是缺乏有效的渠道和工具。

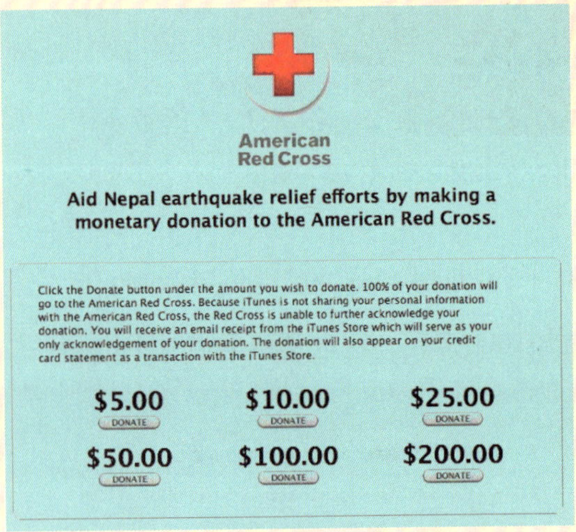

苹果开通iTunes捐款页面

網易新闻 网易首页 > 新闻中心 > 热点新闻 > 正文

中民慈善捐助信息中心:中国为尼泊尔地震捐赠逾2.38亿

2015-05-14 14:12:00 来源：中国经济网(北京)

分享到：

中国经济网深圳5月14日讯（记者　杨阳腾）2015年4月25日下午14时11分，尼泊尔发生8.1级地震，当地和我国西藏地区受灾严重，均造成不同程度的伤亡。地震后，中国政府和社会组织积极反应，以各种形式支援灾区。中民慈善捐助信息中心5月13日发布《4.25尼泊尔地震捐赠报告》（以下简称“报告”）显示，截至5月12日，中国为尼泊尔地震捐赠逾2.38亿元。

5月12日，尼泊尔再次发生7.5级地震，截至目前已致超过65人死亡、1200人受伤。4月25日下午14时11分，尼泊尔曾发生8.1级地震，截至目前，强震造成超过8200

为尼泊尔地震捐款信息

而经由“互联网+”对传统公益的拥抱和改造，网友感觉到了捐赠更加便利。利用朋友圈社交关系链扩散的一起捐方式，让公益得到滚雪球式的传播、扩大，达到惊人的效率。2015年4月26日，腾讯公益平台用不到4个月时间，捐赠额就已经达到1亿元，网友平均每天捐赠80万元。

尼泊尔救援是网友爱心跨越国界的一次展示，这也是“互联网+”为震后救灾和援助工作带来的直观改变。

与微博合作，践行“互联网+地震”行动

高效准确的地震信息发布机制有助于公众更快获知地震信息，从而避免地震后不必要的恐慌，同时也有利于政府和社会力量科学有序地组织抗震救灾。中国地震台网中心一直努力构建覆盖面广、传播效率高的地震信息发布通道，与微博合作将进一步提升地震信息对公众的服务水平。

——中国地震台网中心主任 潘怀文

在微博上，每个人都是信息的生产者和消费者，140个字符的限制，将所有的网民拉到了同一水平线上。学界和业界有一种说法认为，微博的诞生促使了“自媒体”的形成。的确，它让每一个小小的“我”有了自我展现的平台。正如推特创始人之一埃文·威廉姆斯所说：“即使是再庞大的新闻媒体，也不会像推特一样在世界各地拥有众多新闻记者。”

从2009年底开始，以新浪微博领衔的中国微博，以爆炸式的传播速度，不断改变着普通人的生活方式，同时也改变着信息的传递方式。

“日本地震”发生后，全球网友在推特、脸书、新浪微博、腾讯微博、网易微博等社交网络和微博上迅速发布讯息，表达意见和建议。

大多微博主以其真实报道、真诚关注、真情互动的操守，全方位、多角度地现场直播地震情况，使微博在抗震救灾、新闻报道、舆论引导等方面发挥了积极作用。

突破亿人大关的新浪微博，在日本地震专题的报道中起到了举足轻重的作用，在首页导航的10项超链接中，有4项是有关微博的链接，分别是：“在日网友微博报”“前方记者微博汇总”“微博寻人报平安”和“微博求助”。在“前方记者微博汇总”中，有许多中央电视台、凤凰卫视的驻日记者及时通过微博更新日本地震的消息；此外，许多中国公民也将自己在日工作或学习的家属的基本信息刊登在“微博寻人报平安”和“微博求助”的栏目中，通过网友的大力转发，最终和家属取得联系。

微博的优势在日本地震专题报道中得到了良好的发挥，它让更多的人在第一时间，通过简短的文字、图片和视频信息及时了解到地震、核辐射、海啸、当地居民的最新动态。

“日本地震专题”充分利用微博的独特优势，力求在本次报道中做到快速及时、公开透明和以人为本三个要点，在信息迅速传播的同时，不仅有力

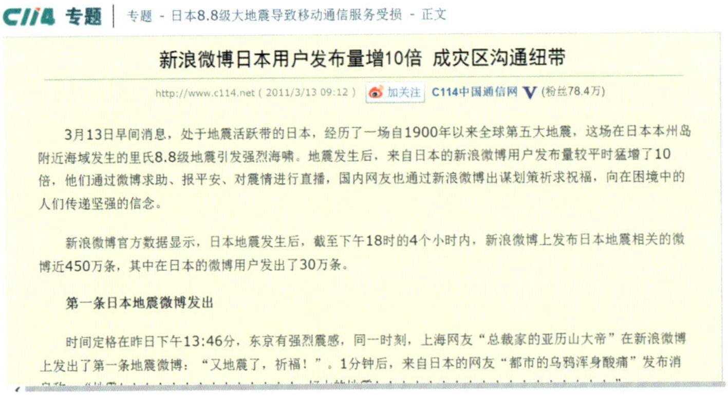

C114 专题 | 专题 - 日本8.8级大地震导致移动通信服务受损 - 正文

新浪微博日本用户发布量增10倍 成灾区沟通纽带

http://www.c114.net (2011/3/13 09:12) 加关注 C114中国通信网 V (粉丝78.4万)

3月13日早间消息，处于地震活跃带的日本，经历了一场自1900年以来全球第五大地震，这场在日本本州岛附近海域发生的里氏8.8级地震引发强烈海啸。地震发生后，来自日本的新浪微博用户发布量较平时猛增了10倍，他们通过微博求助、报平安、对震情进行直播，国内网友也通过新浪微博出谋划策祈求祝福，向在困境中的人们传递坚强的信念。

新浪微博官方数据显示，日本地震发生后，截至下午18时的4个小时内，新浪微博上发布日本地震相关的微博近450万条，其中在日本的微博用户发出了30万条。

第一条日本地震微博发出

时间定格在昨日下午13:46分，东京有强烈震感，同一时刻，上海网友“总裁家的亚历山大帝”在新浪微博上发出了第一条地震微博：“又地震了，祈福！”。1分钟后，来自日本的网友“都市的乌鸦浑身酸痛”发布消

新浪微博日本用户发布量猛增

地推进了救灾行动，也避免了不必要的伤亡。

在雅安芦山地震发生后，政务微博的影响力也彰显无疑。震后在新浪微博中搜索“芦山地震”关键词，发现共有4931587条相关微博。搜索结果显示，前3页共有18条相关政府机构信息，所占比例约为30%。政务微博的数据绝大多数来源于政府网站，“芦山地震”的微博搜索结果表明政府网站已通过微博信息传播及时发挥了影响力。

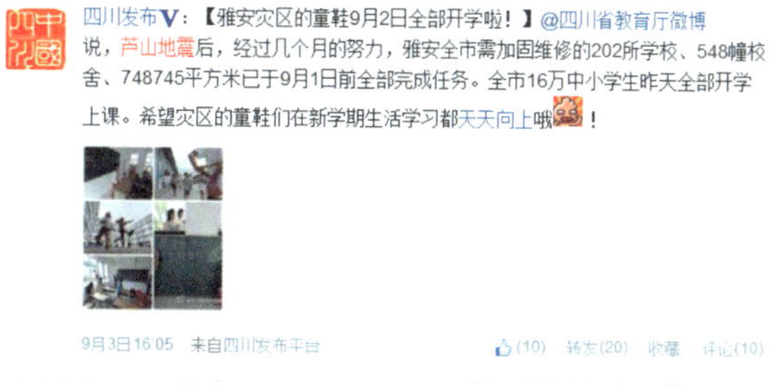

四川发布“芦山地震”官网微博

2014年12月17日，微博宣布，将与中国地震台网中心达成战略合作。微博将根据中国地震台网中心发布的地震快讯，10秒内向震中所在地微博用户推送信息。用户手机网络畅通且微博处于登录状态，就可以收到信息，而无需关注任何账号。对用户位置的判断将通过对其曾使用过的地理位置信息、IP地址等大数据分析实现，准确率达到99%以上。

此外，双方还将在灾情相关的大数据领域展开合作，用户在微博上发布的与地震相关的内容，经过分析后，会与中国地震台网中心共享。同时，最新的地震速报参数、震中地图等数据，也将通过微博对外开放，为抗震救灾提供支持。

中国地震台网中心与微博合作

微博最核心的功能是即时信息的发布与获取。微博具有“直播性”，发布信息极为迅速，在各种突发的自然灾害、意外事故、群体冲突等重大事

雅安地震正式速报参数微博互动超过13万，阅读量超过6000万

件发生时，利用妥当可以成为应对突发事件的“利器”。

微博在用户覆盖度和传播效率上的优势是中国地震台网中心与它合作的基础。微博日活跃用户达到7660万，其中78%来自移动端，其公共信息服务平台覆盖人数更是超过3亿，是国内移动端覆盖度最高的资讯平台。微博负责人表示，移动端的高覆盖度和快速传播能力，使微博在公共服务和紧急状态下的社会动员中能发挥特殊作用。与中国地震台网中心合作是一次重要尝试，微博将以此为契机，与政务微博联合探索移动互联网时代提升公共服务水平的途径。

中国地震台网中心与微博深入合作，正是践行“互联网+地震”行动的一个重要方面。

互联网为地震应急救援工作提供新思路和新方法

破坏性地震发生后，几分钟到几十分钟内获取灾区基本、准确、具体的灾情信息，是政府和有关部门在第一时间科学决策、部署地震应急救援工作的基础。近年来，在日本、海地、印尼等国家和中国台湾地区发生的重特大地震灾害的应急救援中，都发生了因政府组织应急救援救助行动迟缓，引起灾区群众强烈不满，影响政府形象的事例。

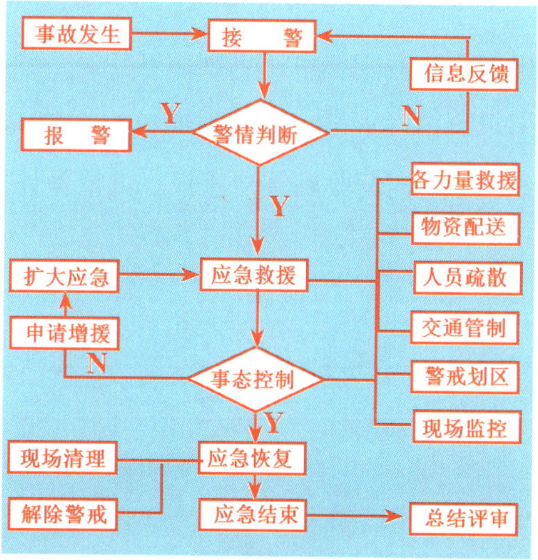

救援流程图

造成这种不良后果，主要原因都是因为政府未能及时掌握灾区信息，对灾情评估不准，未能迅速有效地对地震重灾区实施全面救援，防止地震次生灾害蔓延。

2008年汶川特大地震救灾过程中，也曾因为对灾区的情况不明，一度导致救援工作的缓慢和低效。而2013年4月22日四川雅安芦山发生7.0级强震时，情况就完全不同了。

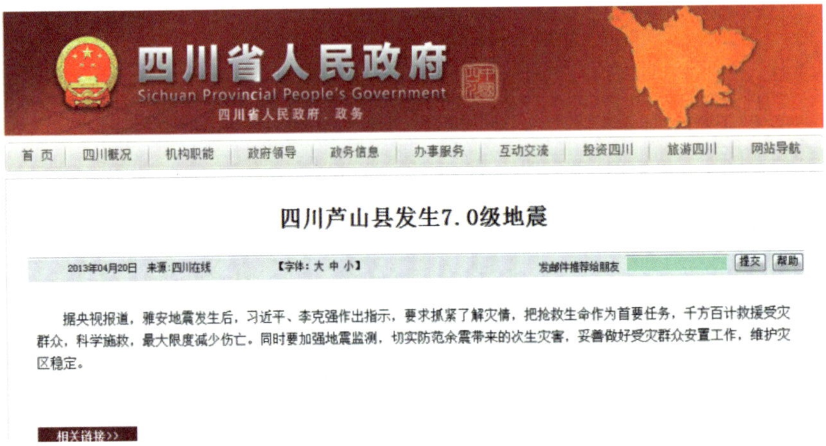

四川省政府门户网站发布的第一条地震信息

雅安芦山地震发生后，马上引起了全国各地网民的高度关注。遍布四川全省各大小城市，特别是分布在灾区乡镇的灾情上报网点迅速启动，纷纷上报震情、灾情；跟随指挥长和现场工作队奔赴地震灾区的现场移动救援终端，第一时间收到震情速报、灾情预评估和工作动态等信息。

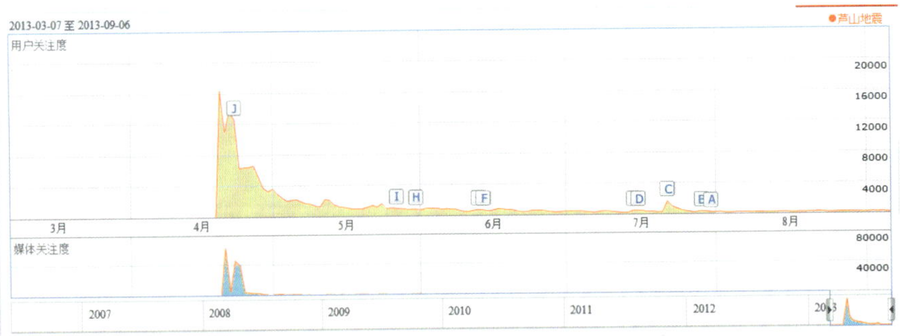

“芦山地震”的网民搜索热度

这次地震发生后，移动终端的全面应用为抗震救灾前期全面获取灾情、缩短灾情黑箱期提供了重要信息依据；为真正实现移动指挥提供了全面的信息服务和科技支撑。

这要归功于在汶川地震后，为贯彻落实中国地震局关于地震现场工作重心前移的指示精神，进一步做好四川地震现场应急准备工作，提升四川地

空中拍摄的芦山地震后破坏情况

震现场应急工作能力，更好、更快地服务于抗震救灾工作，四川省地震局创意研制开发了这套面向指挥长和地震现场工作队的四川省现场移动救援平台。

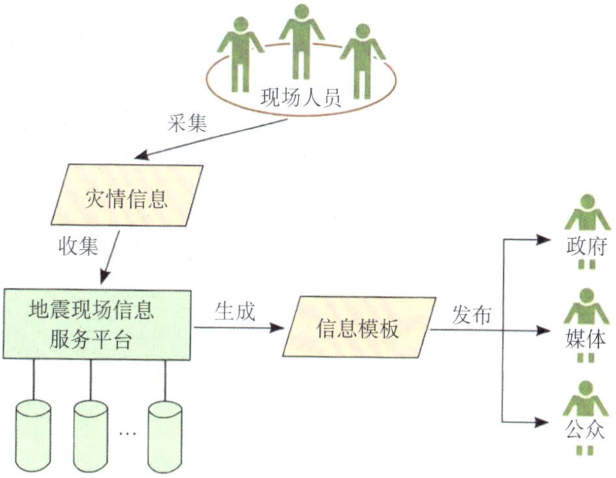

现场移动救援平台

雅安芦山地震发生后，四川省现场移动救援平台迅速反应，指挥长及地震现场工作组随身携带的现场移动救援终端在震后2分钟（8时04分），收到了来自测震台网的自动速报信息；震后10分钟，收到正式速报信息及震区基本情况信息；半小时内，指挥长通过终端了解了全局的应急响应状态和预评估信息，并在赶往灾区的途中移动指挥，安排应急救援工作。

四川省现场移动救援平台利用移动终端及无线移动通讯等技术，汇集地震应急期间所有的业务信息和工作信息，集中管理，统一发布，连通前后方指挥部和地震现场各节点，综合调度，满足指挥长及现场工作队在进行指挥决策和开展应急工作时对震情、灾情、工作动态信息的需求，满足移动状态下应急指挥视频通讯的需要，为地震现场工作从纸质化向数字化转换搭建了基础平台。这一平台在四川地震应急实践中发挥了实效。

充分利用现代互联网平台，研究针对大震巨灾的现场灾情获取技术、可

卫星导航应用系统

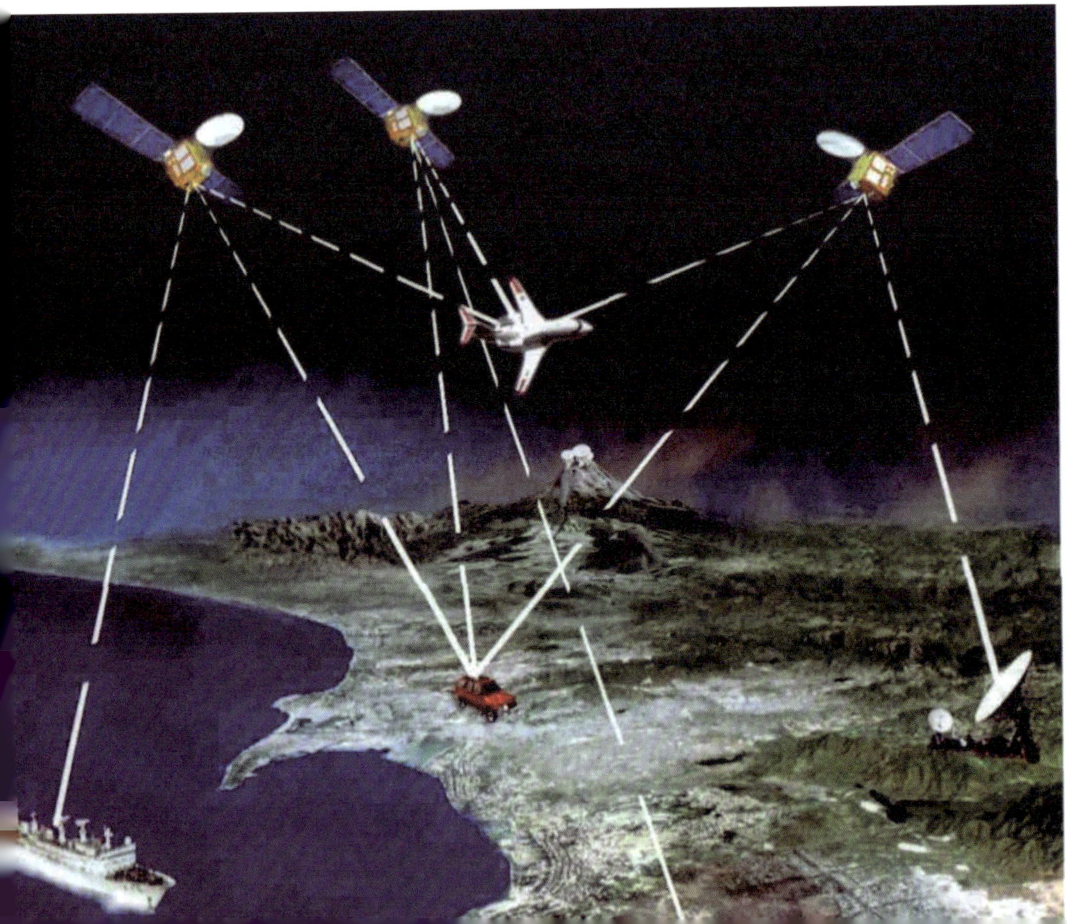

靠的灾情传输技术，在潜在地震危险区建立地震灾情监控系统，有利于国家和各级人民政府从宏观上及时把握较为准确的灾情信息，进行科学决策，合理调配救援力量快速有效地开展救援，最大程度地减轻人员伤亡，提高救灾行动的成效和效率。

近年来，国内外不少学者致力于地震灾情获取方面的研究，在充分依靠卫星、航空等手段获取灾情影像的基础上，提出了一些新方法。比如，采用CCD摄像机采集地震现场的图像信息，并通过摄影测量的方法获得准确的地震现场灾情信息，并与GIS相结合建立基于现场图像的灾情信息平台；由数据采集、数据分析、决策支持，以及协调与控制4个部分构成的灾情应急系统，构建应急救援过程的模型，实现灾情信息的共享；研究卫星定位导航技术在地震应急搜救的信息快速获取、应急响应、救援决策、指挥、搜索与营救等救援行动整个过程中的应用等等，都取得了一定的成效。

总之，所有学者都认识到，随着通讯和网络技术的发展，利用平台化、大数据、简捷性、网络式等互联网思维，可以为应急救援提供新思路、新模式、新方法，建立健全多部门支持的应急救援网络体系、形成开放式的公共安全应急救援保障支撑平台，开展科学有效的多样化应急救援工作。

把大数据与地震应急救援工作进行深度融合

在雅安芦山地震中，各方的应对速度和举措得到了社会的普遍认可，被认为比汶川地震时大有进步。这正是充分利用互联网的结果。

抗震救灾决策需要充分的数据信息支撑。在这种规模大、破坏性强、灾情变化快的灾害中，单纯依靠传统的数据收集技术（如“自下而上”的层层上报，或“自上而下”的考察评估）不仅费时费力，而且，在很多情况下甚至根本无法获得相关信息。当下信息技术领域备受关注的“大数据”分析，对此或许能够大有帮助。

在雅安芦山地震中，互联网短时间内产生了海量的相关信息。地震发生于8时02分；8时03分，国家地震台网官方微博发布自动测定的地震消息；8时08分，就有来自震中芦山县的第一条微博信息发出。截至当天下午5时，仅在新浪微博上，相关信息已达6400万条。

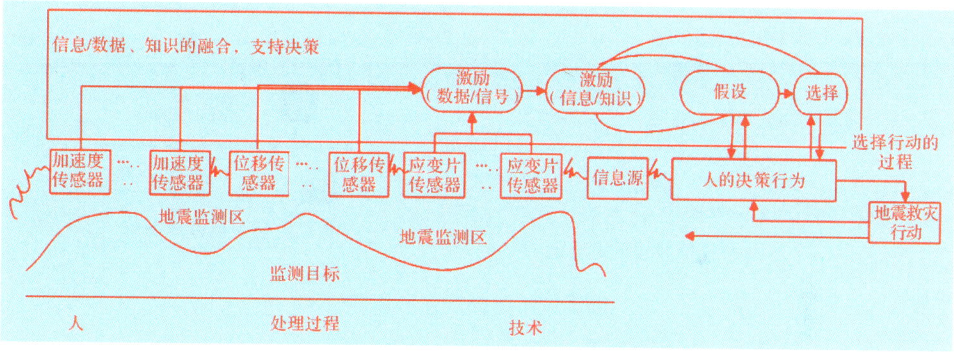

地震救灾多源信息融合技术示意图

互联网上的信息内容非常丰富，经分析后，可被用于各方面的决策支撑。例如，受灾者的实地求助和灾情报告信息，可用于对灾情的判断；公众的救援呼吁和建议，可用于对救援资源及配置的预判；对网络信息的“情绪分析”，则可用于舆情监测。甚至，“民间科学家”的各种震前“预言”与“异象”报告，也可被纳入地震预测体系，以检验其有效性。

大数据源远不止于此。灾区居民的手机、电话、电视、车载信息服务系统、GPS终端，以及电信、电网、交通、工厂设备乃至建筑等基础设施上的各种传感器，都在时刻产生并传递着有关位置、时间、运动、震动、温度等方面的数据。对这些数据变化情况的分析，有助于更加迅速、精确地估计灾害对人员、财产及基础设施等造成的损失，更加准确地了解灾区人员和交通工具的流动部署，为救援组织工作提供支撑。

中国地震台网中心正在努力把大数据与地震应急救援工作进行深度融合。相比传统的户籍人口统计，互联网人口在时间和空间上的真实分布，将有助提高地震应急能力。基于互联网人口实时绘制的地震热力图，是今后地震应急救援工作的基础性支撑数据。

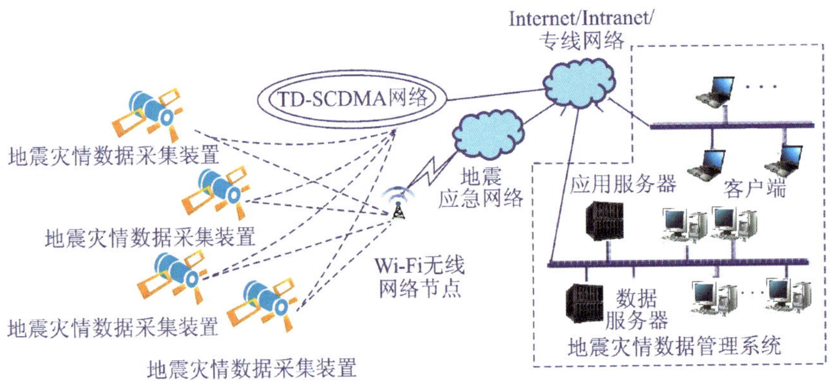

地震灾情信息系统示意图

大数据为应急救援工作提供有力武器。以大数据为基础，可以通过地震灾情信息系统，快速为应急决策指挥提供支持，提升应急救援能力。

大数据时代提供了海量数据及其处理能力，将其应用于震害防御和应急救援系统上，将有效改善地震应急救援的现状。大数据技术可以快速整合信息数据，构建起安全模型，综合分析各类事故、自然灾害和突发公共事件，满足应急救援所需的实时获取信息、预测预警、智能研判、信息共享、应急联动和辅助决策等需求。此外，可靠的信息来源，除了保障应急救援决策外，还有利于开辟正面的信息发布通道，堵住谣言散布的渠道，准确清楚地向公众传递相关信息，减少次生伤害，避免社会恐慌。

岷山地震救援现场

简单快速是满足应急救援的根本需要。追求简约、快速的互联网思维，为赢得宝贵的救援时间提供保障。在互联网时代，海量的信息经过大数据的处理，将形成分类更加明确、针对性更强的个性化方案。应急救援管理系统通过对实时突发事件的感知数据、历史数据、决策模型以及应急资源等信息进行网络集成，实现信息快速收集、抽取、挖掘、分析、预测和推演，可以进行智能化动态决策。在此基础上，还可以将信息快速地传递到各执行单位，最大限度地发挥数据信息的功能，使各救援力量都能更快、更清楚地了解情况和任务，实现应急救援最好的决策和执行效果。

努力把大数据与地震应急救援工作进行深度融合，是一项越来越重要的工作。中国地震台网中心正在这些方面进行着积极的努力。

“@中国地震台网速报”速度和质量并重

自动速报技术实现以来，参数来源于我国地震台网的核心枢纽，且都由计算机自动完成，足以确保地震消息的权威性。这也是为什么每条地震速报信息均被不少大V转载的原因。

——中国地震台网中心地震新媒体负责人、“震长” 侯建民

过去，我国的地震信息服务主要依托电台、电视台、无线广播等传统方式进行传播。因此，在时效性、广泛性等方面，远远不能满足社会公众对地震信息的迫切需求；同时也不能满足地震工作者本身对地震信息的需求。如今，随着互联网信息技术的迅猛发展，地震信息服务已呈现出多样性的传播趋势。

地震速报是地震监测台网最基本的工作之一。随着社会发展和人们生活水平的不断提高，地震速报工作作为服务于防震减灾事业和抗震救灾工作的重要环节，已逐渐被越来越多的人所关注。做好地震速报工作，进一步提高地震监测能力和水平，才能不断满足社会和公众的需求。

地震速报就是要在尽可能短的时间内，对已发生地震事件的时、空、强三要素进行准确、有效的测定，并尽快报送给有关部门。

随着社会发展和网络普及，政府和公众对地震速报时效性、准确性的要求越来越高，这就对地震速报人员的临震反应能力和业务水平提出了新的挑战。

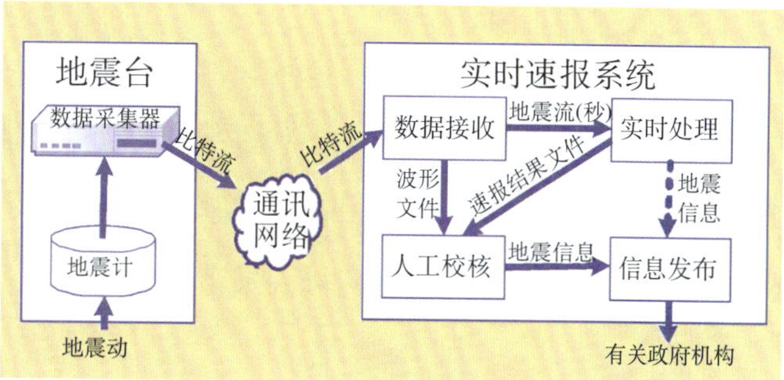

地震实时速报系统

2013年4月20日8时02分雅安芦山发生地震后，国家地震台网官方微博“@中国地震台网速报”在1分钟后发出微博，不过当时还未能确定雅安地震的震级；4分钟后，四川当地媒体《成都晚报》在媒体内最先发声；5分钟后，陆续有震区网民发布微博信息；6分钟后，首个全国性媒体《新华网》发布地震消息；12分钟后，国家地震台网确定震级；18分钟后，军方成立抗震指挥部并采取应急行动；27分钟后，公益组织壹基金关注雅安地震事件并采取筹款救灾行动；58分钟后，国家高层关注此信息，启动Ⅲ级救灾响应。可见，国家地震台网官方微博的震后反应是“最迅速”的。

不少网友对“@中国地震台网速报”的“速”没概念，到底速度有多快呢？比如，四川雅安芦山地震速报用时仅55秒，甘肃定西地震速报用时61秒。对国内地震而言，东部地震速报用时一般1～2分钟，西部地震速报一般用时3～5分钟。也正是这样的地震信息发布速度，吸引了不少粉丝。

保障速度的同时，“@中国地震台网速报”也不忘信息的权威性。地震速报在地震信息服务中占主导地位。因此，对信息准确率的要求非常高。从初步统计数据看，中国地震台网的自动速报结果准确率达95%以上，初步结果和正式结果的吻合率在98%以上，技术上与国外差别不大。

此外，“@中国地震台网速报”发布的地震速报信息覆盖面广，一般国内3级以上，国外6级以上的地震一旦发生，都会有速报信息实时发布。而且，每条地震速报均有严谨的格式要求，简明扼要，便于理解。

大于3级的地震，我国每天平均发生1～3次，除了这些常规的地震速报微博之外，台网中心还有些和地震相关的微博以及和网友互动的微博。“@中国地震台网速报”一般平均每天发布7~10条微博。

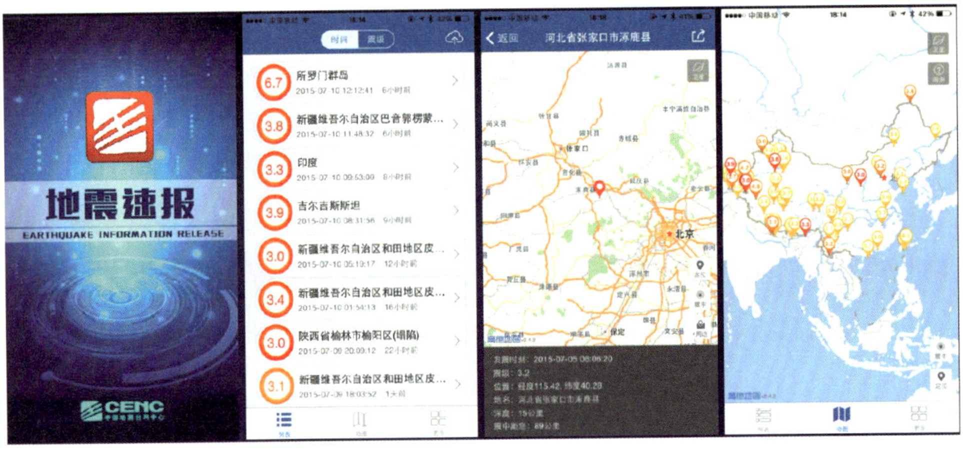

@中国地震台网速报

为追求更好的为网友服务，“震长”还经常就如何运营微博与其他官微进行交流，积极沟通工作经验，取人之长补己之短，让“@中国地震台网速报”成为一个严谨与灵活并重的政务微博账号，偶尔冒出来的一两个有趣段子、“鸡汤”微博，常让网友有接到“彩蛋”甚至“中奖了”的小兴奋。这样的做法，既能深刻挖掘微博平台的开放性、平等性及互动性优势，同时也能激发网友的参与热情，聚拢较高的人气。

【背景资料：我国的地震烈度速报系统建设】

地震烈度速报系统就是在国土范围内大面积布设具有一定分布密度的地震监测仪。当地震发生后，分布于不同地点的地震监测仪在获取地震动数据后，根据获取的烈度数据，及时绘制出能够反映受灾范围和受灾程度的地震等烈度线图，从而为政府抗震救灾初期的抗震救灾决策提供依据。地震监测仪越密集，给出的地震影响程度越详细、全面。

我国的地震烈度速报系统目前还有很大的提升空间。2002年完成的首都圈防震减灾示范工程，建立了首都圈地区数字强震网及地震烈度速报系统。在国家防震减灾大楼建设了强震台网主中心，在北京市、天津市、石家庄市建立了强震台网分中心。目前，首都圈范围内建有150个强震台，其中72个为地震遥测数字台，实时传到台网中心；另有50个台采用电话拨号方式传输，发生强震后，通过地震触发自动传输数据。按照设计要求，各强震台网中心在区内或邻区强震发生后，实时传输的72个台立即进行烈度速报，采用自动和人机交互两种方式工作，5分钟内给出烈度分布图，拨号电话系统采用全自动方式，10分钟内给出烈度分布图。该系统建成后还没有经历过大地震，其功能和作用有待未来大地震的检验。

为绘制准确烈度分布图，需要足够的地震监测仪将地震动数据传回。但在大地震发生后，其中一些地震监测仪由于通信中断、仪器损坏等原因难以将数据传回数据中心。显然，若监测仪总量较多，则即使其中一些仪器未能传回数据，烈度速报系统仍然能够绘制较为准确的烈度分布图。因此，在烈度速报系统中增加监测仪密度很有必要。

积极进行建立地震预警系统方面的尝试

目前，中国仅在少数重大工程建立了小规模的地震报警系统或地震人工紧急处置系统。其中，广东大亚湾核电站1994年建成地震预警与紧急处置系统。当地震动超过给定的限值时，中心控制室将采取相应的紧急处置措施。此后，秦山核电站、岭澳核电站也相继建成了类似的地震预警与紧急处置系统。2007年，冀宁输气管线也建立了地震监测与报警系统。

汶川大地震前，中国政府已经认识到了地震预警系统的重要性。在2007年10月发布的《国家防震减灾规划》（2006～2020年）中，明确提出：要建立地震预警系统，加强重大基础设施和生命线工程地震紧急处置示范工作。

近年来，中国地震局一直致力于推进地震预警示范系统试点建设，先后建成福建地震预警示范系统、首都圈地震预警示范系统和兰州地震预警示范系统。示范系统在线运行期间均已经历实际地震检验。在地震预警时间、预警震级和定位精度等关键技术指标上表现良好，初步形成了所在区域的地震预警信息服务能力。

（1）福建地震预警示范系统

福建地震预警示范系统于2013年9月建成并测试运行，由福建局负责完成研制。该预警监测网络由128个实时监测台站组成，平均台间距约31千米。所有台站观测数据，均采用2M光纤实时传输到台网中心，数据通信延迟约1.3秒。同时，福建测震台网与台湾实时交换16个台站的数据，采用中科院专网传输实时波形数据，进一步提高了对台湾地区地震的预警能力。

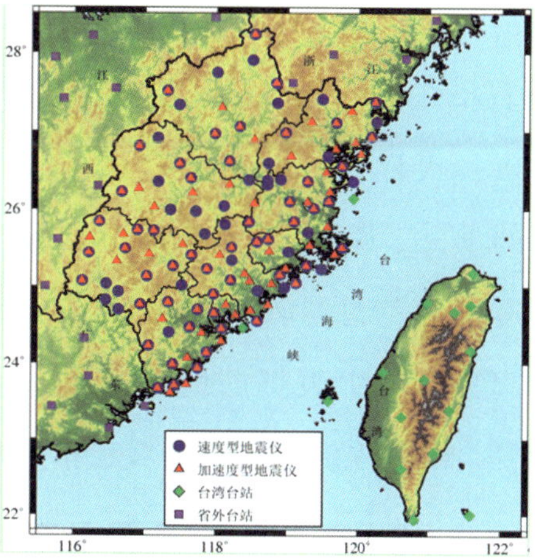

福建省地震预警示范系统台站分布图

福建地震预警示范系统能在省内有感地震发生后数秒至十几秒产出地震预警信息，1～2分钟产出自动地震速报信息，约5分钟产出地震烈度速报信息，约1小时产出大震烈度速报信息。如台湾地区发生地震，系统可在震后约30秒产出地震预警信息，并向福建沿海地区测试用户发布。系统监控区域包括福建全省和台湾地区。

（2）首都圈地震预警示范系统

部署在燕郊国家强震动中心的首都圈地震预警示范系统，建成于2014年9月。系统接入了首都圈地区130个测震台及80个实时强震台（背景场项目建设），平均台站间距约为40千米（京津地区约15千米）。所有台站观测数据均采用2M光纤实时传输到台网中心。2015年3月，由广东省地震局研发的地震超快速报系统在首都圈地震预警示范中心完成部署，该系统融合了首都圈地区的实时测震、强震以及唐山地区的100台烈度仪数据。双系统并行运行的模式，进一步提升了首都圈地震预警示范中心的服务能力。

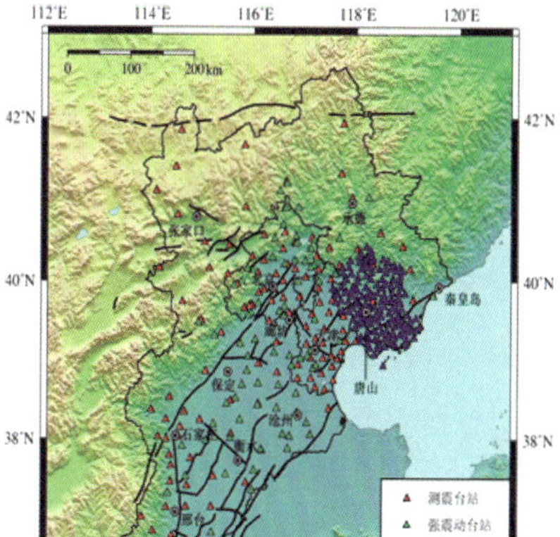

首都圈地震预警示范系统台站分布图

首都圈地震预警示范系统，针对发生

在距离北京市、天津市70～280千米的破坏性地震，能够为北京市、天津市等城市以及该地区的重大工程提前5～15秒提供地震预警信息，对预警目标区造成Ⅵ度以上破坏的地震进行预警。示范系统监控的区域包括北京、天津及河北全境。

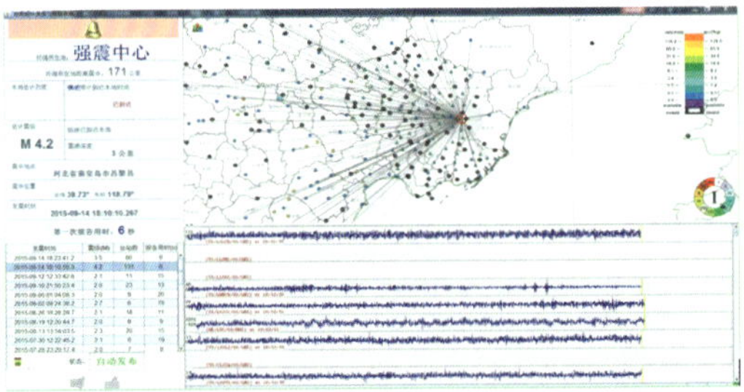

2015年9月10日河北昌黎4.2级地震预警发布界面

（3）兰州地震预警示范系统

兰州地震预警示范系统建成于2014年10月，接入甘肃、青海和宁夏台网83个测震台站及背景场新建实时传输强震动台站80个。其中全部测震台站和60个强震动台站采用2M光纤实时传输到台网中心，20个强震动台站通过3G无线通讯传输到台网中心。

兰州地震预警示范系统针对发生在距离兰州市70～280千米的破坏性地震，能为兰州市提前5～15秒提供地震预警信息，对预警目标区造成Ⅵ度以上破坏的地震进行预警。示范系统监控的区域为兰州周边地区，涉及甘肃、宁夏、青海等省、自治区相关市县。

由于各示范系统均依托我国现有地震台网建设，台站密度、网络通信等功能指标与预警需求还有一定差距，尤其是信息服务能力不足等问题，都有待于进一步改进和提高。

现阶段，各示范系统基本以手机短信、APP客户端等形式向少数系统用户提供，覆盖范围有限。为进一步完善现有地震预警示范系统，切实形成预警信息服务能力，有关部门还将从观测网络、系统运维、系统评价和信息服务等方面开展工作。目前，已组织完成地震预警信息发布专用微博注册，下一步将结合各系统实际运行表现，制定预警信息服务策略，开展预警信息微博发布服务。

遥感技术在应急救援方面起到不可替代的作用

地震应急灾情信息是指与地震本身、应急救援及地震灾害相关的信息，包括地震现场灾情信息和地震期间各级应急指挥部及相关地震部门所提供的所有数据和信息。

地震应急灾情信息上报和收集方式及媒体介质的多样化，导致信息格式多种多样。主要形式有：电子数据信息、纸质文档、图片、照片和视频、音频信息等。

法国航天遥感的代表：SPOT系列卫星

震后不同时段灾情信息获取的目的各不相同，灾情信息的有效获取是政府应急救援响应的决策依据，特别是震后数小时内信息的有效使用，也是政府快速制定地震应急启动规模和总体救灾资源调动等宏观指挥决策的基本依据。随着时代的发展，人们越来越重视对航空遥感地震灾害信息的快速提取。

遥感具有不接触物体本身而感知物体特性的能力。它根据不同物体对电磁波产生不同响应的原理，利用远离地面的不同工作平台（如高塔、气球、

北川县三维立体航空遥感图像

飞机、火箭、人造地球卫星、宇宙飞船、航天飞机等）上的遥感器收集地面数据，探测地表物体性质，识别地面上各类地物。遥感技术是对地球表面的电磁波（辐射及散射）信息进行探测，并经信息的传输、处理和解译分析，对地球的资源与环境进行探测和监测的综合性技术。经过几十年的发展，目前遥感技术已广泛应用于资源、环境、水文、气象、地质、城市、农业、林业、测绘制图、灾害分析等领域。

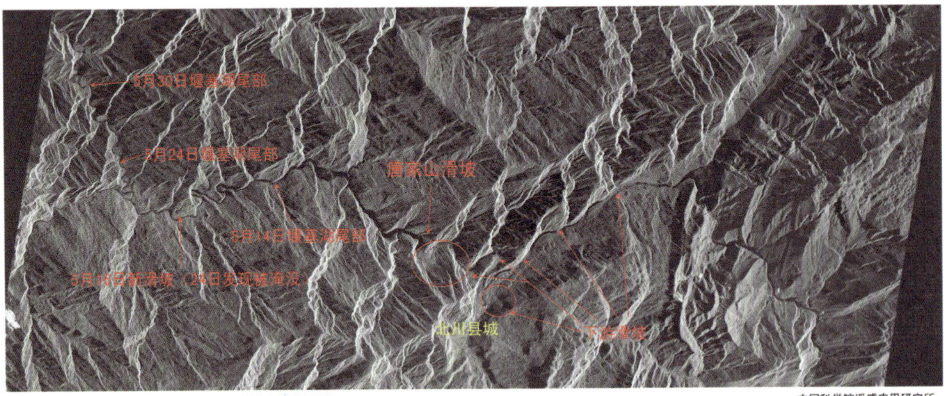

根据5月16日7时02分3米幅宽30公里TerraSAR-X雷达卫星影像制作

中国科学院遥感应用研究所
北京视宝卫星图像有限公司

北川县唐家山堰塞湖雷达卫星影像解译图

强烈的地震，尤其是在人口稠密、经济发达地区的大地震，破坏性强、涉及面广，损失惨重。及时调查地震灾害的类型、分布和数量是震灾损失评估、救灾减灾、辅助决策的首要问题。因而，快速提取地震灾害信息，对稳定社会、减少经济损失和人员伤亡具有重要意义。

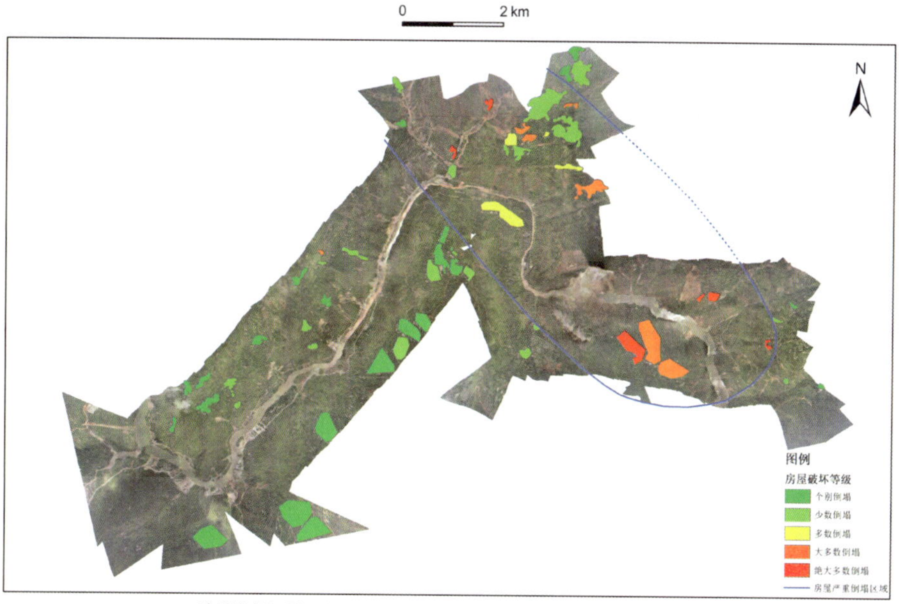

遥感影像来源：国家测绘地理信息局　中国地震局地震应急遥感技术协调组　中国地震局地震预测研究所　2014年8月5日制作

云南鲁甸6.5级地震灾区部分区域房屋震害遥感解译图

地震造成的主要灾害性后果包括对人的伤害及人生存的自然物理环境和社会状态的破坏。遥感震灾主要是针对自然物理环境的调查，也就是对有形的可区分属性、形状大小的自然的或人工建设的地物属性和地震受损程度的调查。地震灾害按其灾情大小、灾害区域地貌、成灾机制可划分出诸多种类，但按震灾的平面几何性状，无非是点型、线型和面型三大类。

一般地说，地震究竟破坏程度有多大，可从5个指标考证。首要指标是建筑物倒塌情况，利用遥感技术进行分街区搜索，并估计当时的情况是上班还是休息，能够通过模型计算出人员伤亡数量。而类似于烟囱、储油罐等构

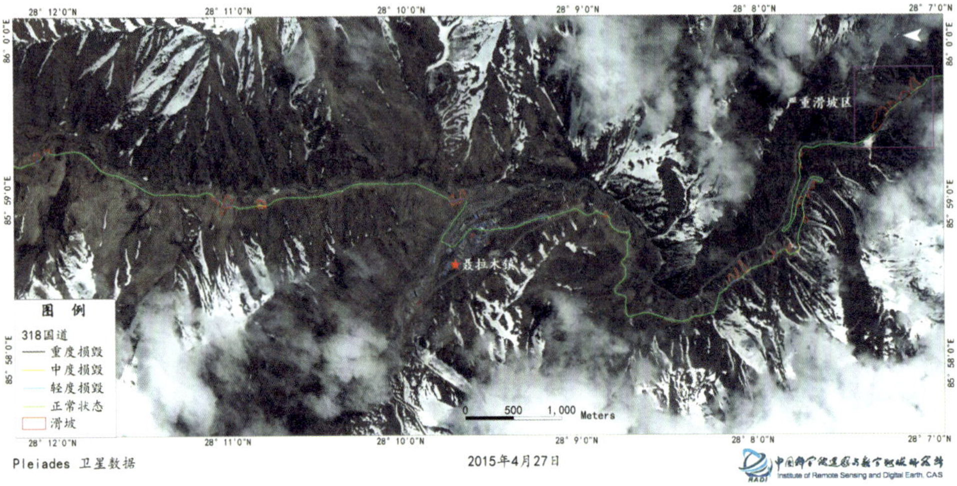

西藏自治区聂拉木县聂拉木镇周边滑坡和道路损毁遥感监测图

筑物的倒塌，是衡量地震灾害评估的第二个指标。对于这个指标破坏程度，一般用基本完好、破坏和倒塌3类来作判定。与震后灾民生活最息息相关的指标是生命线工程：比如水、电等破坏程度。这些工程是否完好，涉及到人民震后的日常生活。出现滑坡、泥石流、地震裂缝的场地灾害，也是衡量地震灾害的一个重点。

此外，震后带来的次生灾害也是灾害评估不容忽视的，它有可能会加速伤亡。比如说震前是好的，震后水库大坝垮了，在地震中没受伤亡的却被水淹死了，还有因地震过程中煤气、电引发的火灾造成的人员伤亡。对这5个指标，科研人员基本可以通过遥感图像数据的分析来解决，解决不了的还可以通过基础地理数据库数据复合，进行综合的分析后解决。

四川雅安芦山地震发生后，地震灾区通信、交通被严重破坏，卫星遥感和航空遥感技术成为快速获取灾情的最佳途径。有关部门完成了无人机拍摄高分辨率遥感影像、应急移动测量车作业、机载多波段多极化干涉SAR复杂地形高精度测图等。科研人员第一时间进行数据处理、对遥感影像进行解译，提取房屋倒塌损坏信息、道路阻断情况，山体滑坡，堰塞湖信息等，提供给应急办、地震局、前方抢险队伍等，用于抗震救灾支持决策。

从近年发生的数次大的地震灾害灾后应急的实际情况来看，遥感技术在地震灾害快速评估和应急救援方面起到了越来越大、甚至是不可替代的作用。

【背景资料：地震救援机器人】

近年来的一次次强震，受到全世界关注。每次强震之后，救援工作最为关键，也最为艰巨。由于地震发生后废墟结构极不稳定，很容易对在废墟中救援的队员造成威胁。涉核、涉化设施的震后救援，更是充满危险性。一些大面积的倒塌建筑，可以借助机械挖掘搜索；但一些缝隙、狭小空间等，救援队员进去有危险，大型设备又没有“用武之地”。这些因素决定了需要一些特定的设备去完成搜救任务。

在2013年4月四川芦山地震救援和灾后排查工作中，由中科院沈阳自动化研究所研制的两款地震救援机器人就发挥了显著的作用，帮助救援队员圆满地完成了救援任务。

（1）废墟搜救可变形机器人

这款机器人可进入废墟内部，利用自身携带的红外摄像机、声音传感器，将废墟内部的图像、语言信息实时传回后方控制台，供

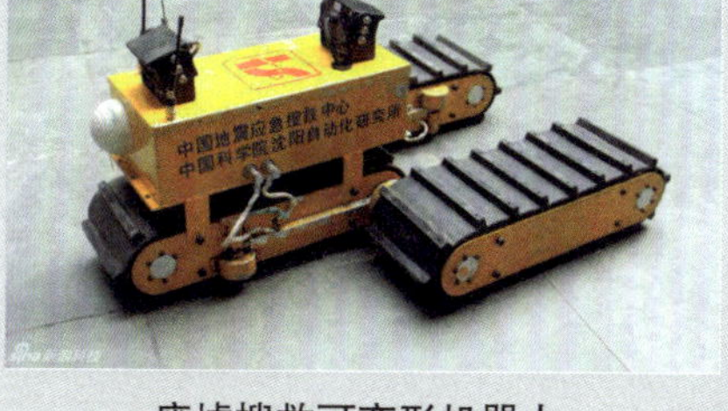

废墟搜救可变形机器人

废墟可变形搜救机器人正在作业

救援人员快速确定幸存者的位置及周围环境，同时还能为实施救援提供救援通道信息。

在雅安芦山地震救援行动中，废墟可变形搜救机器人和另外一款机器人（生命探测仪）在震区实现了多种典型环境的搜索与排查，徒步10千米，完成了20多处废墟环境排查工作任务。

（2）飞行机器人（旋翼无人机）

旋翼无人机

飞行机器人获取的高清古城村灾情图

飞行机器人（旋翼无人机），是另一款非常有用的地震救援机器人。在地震发生后，旋翼机器人可以充分发挥小巧、轻便、低空等特点，克服地形、气候、气流等大型飞机较难应付的困难，多次起飞执行任务，获取灾区路况、灾后被毁建筑物分布情况，通过悬停方式对震后危楼进行生命迹象搜索，实时把高分辨影像和图片传到地面控制台。救援队指挥者会根据传回来的影像及位置数据，有针对性地安排救援人员开展细致排查，可有效加快救援进程，减少人员消耗。

在芦山地震中，这种飞行机器人功不可没。4台机器人共排查了6个乡镇，获取了近50平方千米震区的空中信息，排查了高层危楼50余栋，大大提高了国家救援队灾后排查救援工作效率。

应急救援体系进步显著，仍有薄弱环节

近年来，我国加强基于应急准备的常态化应急救援体系和能力建设，坚持平时宣传、震前预防与应急处置并重、常态减灾与非常态救灾有机结合的原则，每次地震袭来，能够做到有序快速反应，务实高效救灾。

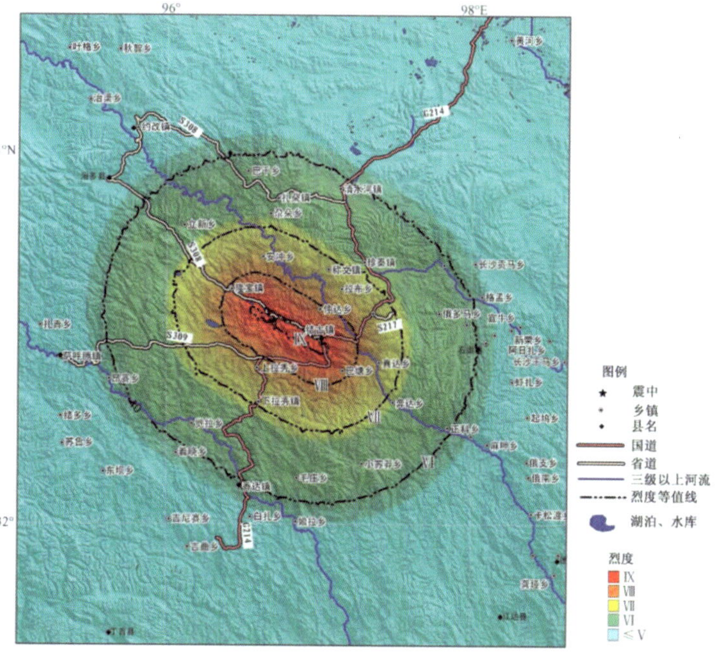

2010年4月14日青海玉树地震震动烈度图

从汶川到玉树，从芦山到鲁甸，我国的应急救援体系经过一次次灾难的考验和磨砺，在反应速度、物资准备、技术装备、联动机制等诸多方面不断健全完善，推动着救灾效率的提升。在地震应急救援工作方面，取得了显著的进步。

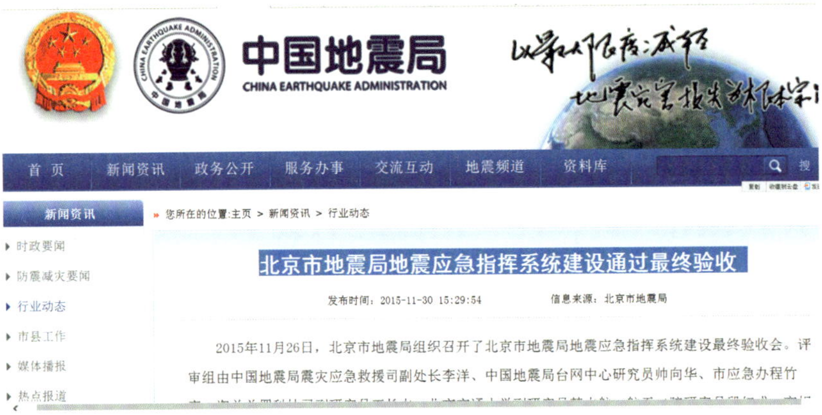

北京市地震局地震应急指挥系统建设完成

——国务院和31个省、区、市均建立了抗震救灾指挥机构，同时借助互联网，建立了地震应急指挥平台，具备监测监控、预测预警、震灾情获取、应急指挥辅助决策、信息通告和调度指挥等功能。

——以《国家地震应急预案》为核心，纵向到底、横向到边、条块结合、结构完整的全国地震应急预案体系已基本形成，完成全国各级各类地震应急预案近50万件。

——地震应急救援队伍发展迅速。全国有1支国家地震救援队、76支省级救援队，总人数在1.6万人以上。

——2002年建成首个应急避难场所以来，全国建成各类地震应急避难场所近6000个，总面积36000多万平方米。

——不断加强救灾帐篷、衣被、应急通信、应急运输、医疗卫生资源等应急物资储备，初步建立了国家、省、市、县四级储备网络体系。

——全社会的防灾减灾意识不断提升。各地广泛开展地震应急疏散演练，开展防震减灾、应急避险、自救互救知识宣传……据不完全统计，2008年以来，全国开展各级各类地震应急演练数十万次。

当然，我们也必须看到，我国应急救援体系还存在着薄弱环节，比如抗震救灾中如何形成统一指挥、信息共享、协同行动、联合保障的军地一体联动机制和能力等。而这正是目前“互联网+地震”所要研究和解决的重点问题之一。

芦山地震救援现场

探索互联网思维下的地震应急救援管理平台

由于种种原因和各种因素的限制，当灾害或事故不可避免的时候，有效的应急救援行动是唯一可以抵御事故或灾害蔓延，并减缓危害后果的重要措施。

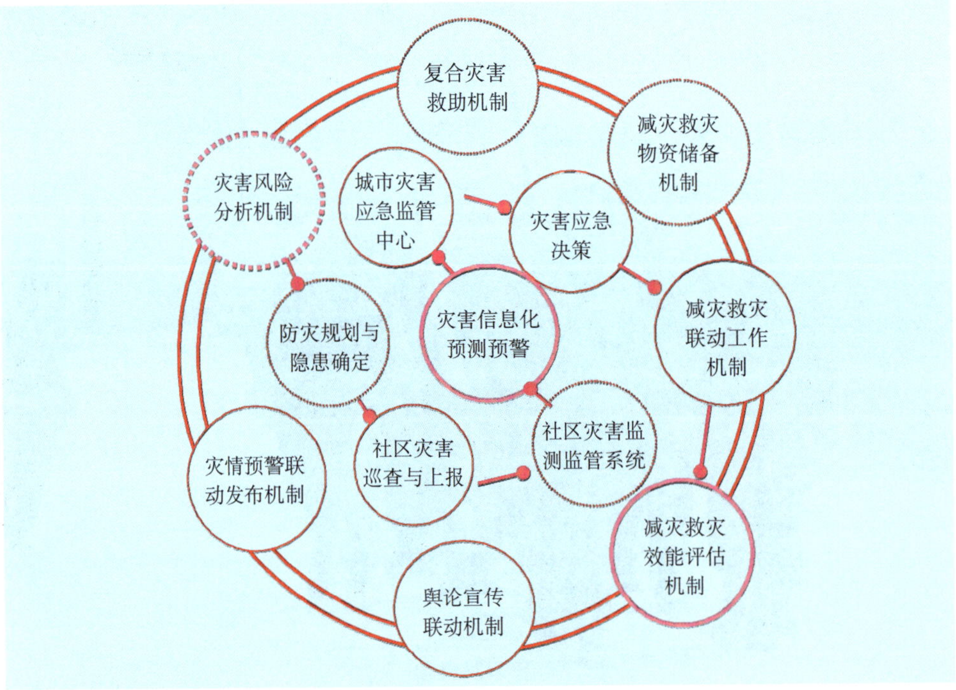

有效的城市减灾救灾协同、联动模式

汶川地震救援现场

随着我国信息化、城镇化、工业化的快速发展，各种安全事故、自然灾害、突发事件的多发性、复杂性和不可预见性增强，对救援力量、救援方法、救援成功率都提出了更高要求。在互联网时代，除需要政府主导的应急管理体系外，更需要广大民众参与，才能实现全社会共同参与的高效应急救援网络体系。充分利用现代互联网技术，形成有效的城市减灾救灾协同、联动模式，已经成了时代的必然要求。

目前，随着我国救援体系的发展，以专业救援队伍为龙头，公安、消防、解放军、武警、民兵预备役、志愿者组织协调行动的科学应急体系正在形成，各地相继建立了行业和部门的应急救援队伍。但由于应急力量比较分散，缺乏有效的资源整合和统一协调，当发生重特大事故或灾害时，在救援过程中往往存在职责不明、机制不顺、针对性不强等问题，缺乏有效协同，难以形成整体救援能力。

如何加强科学的应急救援体系建设，快速形成高效、有序的应急救援能力，是目前亟待解决的问题。

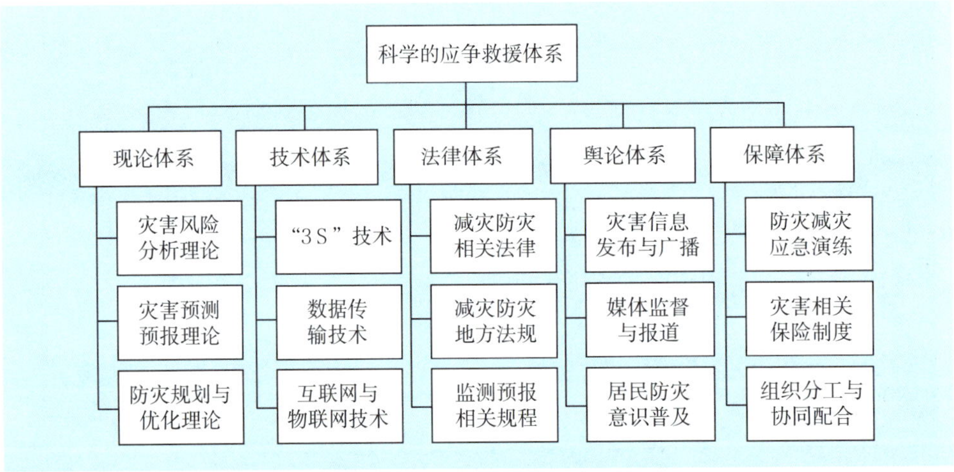

高效、有序的应急救援体系

历经10多年的建设，目前我国已经基本形成“统一领导、综合协调、分类管理、分级负责、属地管理为主”的应急管理体制。随着互联网技术的发展和成熟，在物联网支持的条件下，要建立涵盖应急救援中预警、决策、指挥、协调、处置等各个环节的平台。其中主要有三方面的重点任务：一是要完善现有各系统的兼容性，重塑整个应急救援的体制、机制和流程；二是要重视对大数据的广泛应用，强化数据（信息）的收集、处理、传递、整合等；三是提升我国应急救援管理体系大数据的处理能力，建设硬件更为强大的数据管理平台和数据库。

建立向社会开放的自主应急救援服务平台，是强化应急救援体系建设工作的一项重要内容。一方面可以打破封闭的应急救援管理体制，吸收社会力量参与应急救援工作，另一方面也可以疏通应急救援信息的来源渠道。例如，有的部门借鉴国外紧急救援业务的模式和经验，在物联网条件下，将先进的车联网技术和各种救援信息网络相结合而建立的应急救援服务平台，已经在国内进行了联运试验和演练，取得了良好效果。这正是地震应急救援部门在“互联网+”时代应该努力探索和发展的方向。

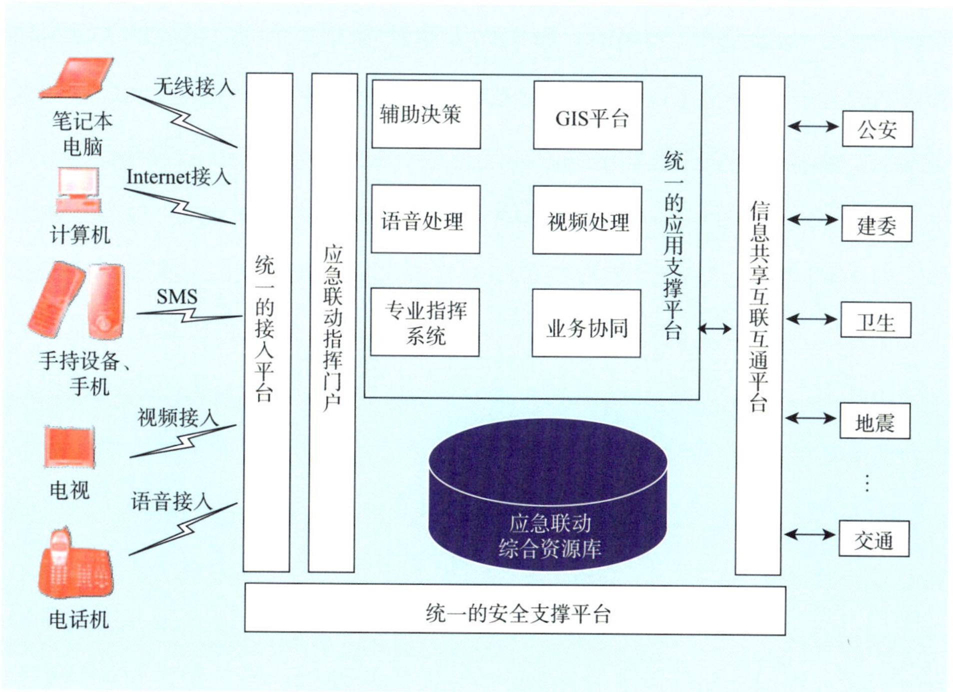

互联网思维下的应急救援管理平台

地震应急工作中充分运用GIS技术

前面已经反复强调，根据以往的震害经验，震后应急反应是减轻震害的主要措施之一，迅速而准确的反应能大大减轻损失。而应急反应的关键是震情数据的获取、处理、查询，以及数据属性的空间分析。在这方面，最好的办法之一就是利用地理信息系统。

地理信息系统在国际上称为GIS，即 Geographic Information System 的缩写。在我国又称为资源与环境信息系统。是一种用于获取、存储、更新、操作、分析和显示空间相关信息的系统，具有很强的信息管理能力和空间数据处理、分析能力，借助于这个系统，可以解决上述应急反应中遇到的问题。

GIS作为一门新兴的技术，在美国、日本等发达国家的防震减灾中已得到了广泛的应用，形成了一定的规模。虽然中国将GIS技术应用于防震减灾工作相对较晚，但发展较快。20世纪90年代以后，一些地震研究机构和防震减灾管理部门先后开展了基于GIS平台的地震分析预报、地震早期趋势判定、地震应急、地震灾害预测、地震信息管理和查询等方面应用软件系统的开发研究，取得了一定的成果。

地理信息系统的优势在于可以整合多源数据（余震分布，遥感影像，地形，区划，交通，居民点、医院、临时医疗救助设施分布等）、有助于灾情的快速掌握以及救援的快速规划。GIS系统可以将零散的、多个方面的特征信息与其对应的特征空间信息联系起来，从而能从一个全面的、系统的方向实施应急预案。同时，能根据实际反馈的信息，实时调整救灾应急方案，合理安排人力、物力，统筹安排救灾。

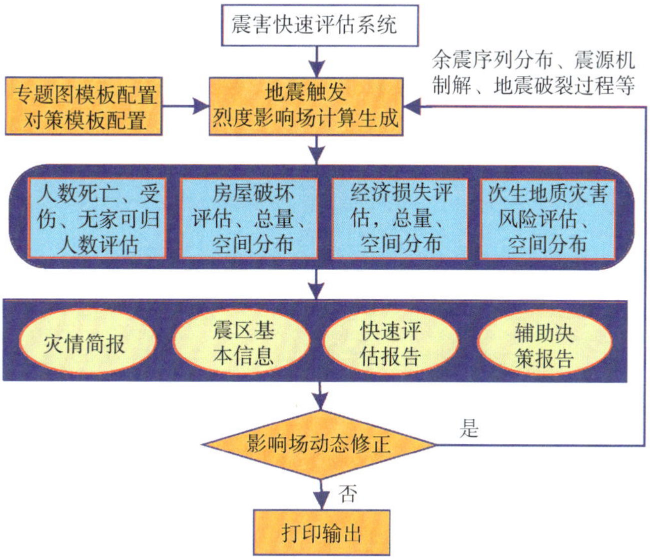

基于GIS的震害快速评估系统

目前，GIS已经广泛应用于地震工程与抗震防灾工作中，如GIS与地震危险性分析的结合、震害的快速评估等，并取得比较理想的效果。

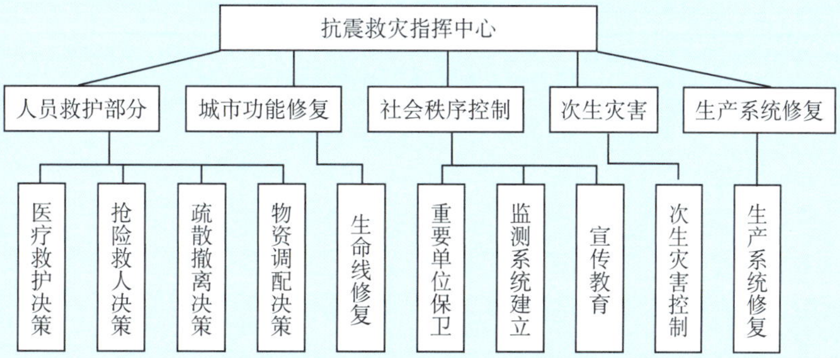

地震应急反应辅助决策系统示意图

利用GIS强大的空间分析功能和空间数据的处理能力，可以建立应急反应的动态分析模型，从而为应急反应提供科学的决策。

GIS的应用，不仅能大大提高人们震后应急反应的能力，同时也可以在城市防灾规划中发挥重要作用。很多地方已经着手研究基于GIS的城市防灾规划信息管理系统。随着信息技术的不断发展，GIS在综合防灾、减灾中必将发挥更大的作用。

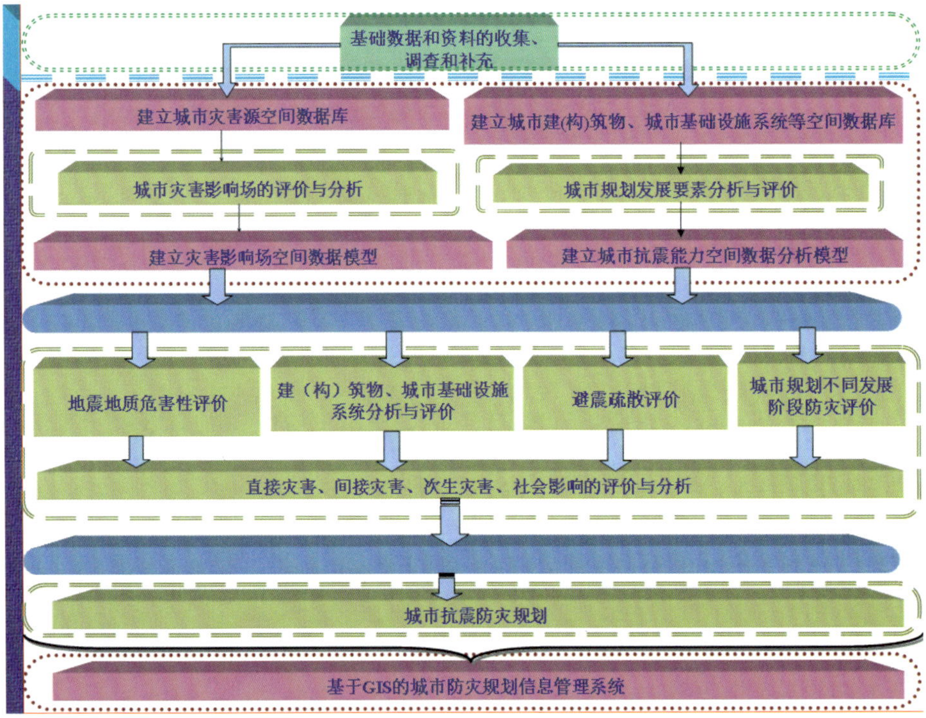

基于GIS的城市防灾规划信息管理系统

第四章

互联网+地震灾害防御：把地下搞清楚，把地上搞结实

震害防御是防震减灾“3+1”体系的重要支柱之一。简单地说，震害防御工作的核心内容就是“地下搞清楚，地上搞结实”。“地上搞结实”是采取设防措施，提高建设工程的抗震能力。“地下搞清楚”是要查明地下地质结构，包括地基情况、活断层分布等，这是设防的基础工作。震害防御相关基础数据的取得和成果的应用推广，都离不开现代信息技术手段。

互联网/地震

全国十大政务机构微博
江宁公安
上海发布
@公安部打四黑除四害
@江宁公安在线
@平安北京
@上海发布
@中国地震台网速报
CHENGDU
成都
北京地铁
BEIJING SUBW

抗震设防能力不足是造成房屋大量倒塌的重要原因，也是我国与美国、日本等发达国家在防震减灾能力上的主要差距。减轻地震灾害最有效的途径之一是做好建筑物的抗震设防，主要依据是《中国地震动参数区划图》，它是确定我国一般建设工程抗震设防要求的强制性国家标准。最新的第五代区划图将于2016年6月1日起正式实施。

——中国地震局地球物理研究所研究员　俞言祥

我国始终面临着破坏性地震的威胁

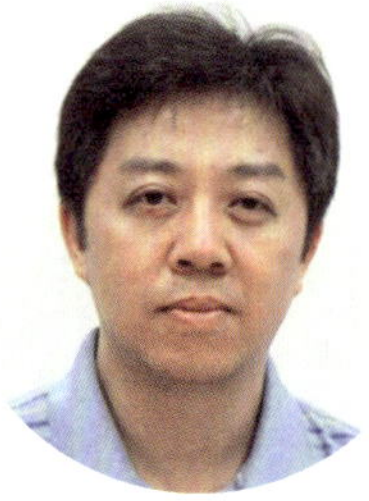

我国地震活动频次高、强度大、分布广，这使得我国始终面临着强烈地震的威胁。

——中国地震台网中心地震预报部主任　蒋海昆

地震是我国造成人员死亡最多的自然灾害。据统计，20世纪后半叶中国大陆在不同灾种所造成的人员死亡数量中，地震死亡人数占54%。同时，中国是全球地震灾害最严重的国家之一，20世纪的统计数据表明，中国大陆人口占世界的¼，但大陆7级以上

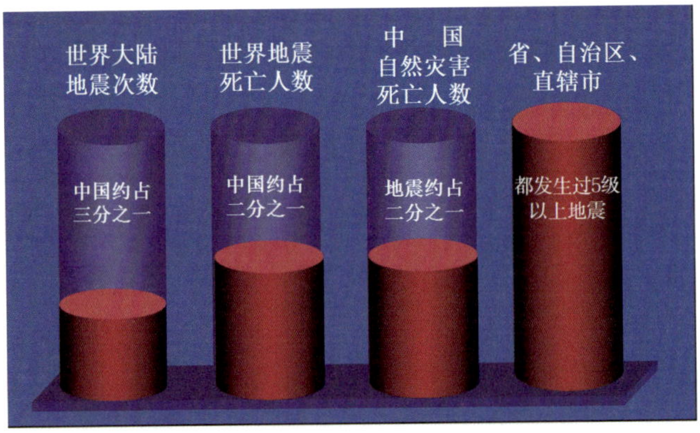

中国是全球地震灾害最严重的国家之一

5·12 汶川特大地震纪念馆

地震次数占全球大陆地震的$\frac{1}{3}$；而地震造成的人员死亡数量占了全球的$\frac{1}{2}$。全球死亡人数超过20万人的地震有7次，其中4次发生在我国。

我国地震活动频次高、强度大、分布广，这使得我国始终面临着强烈地震的威胁。主要特点表现在：一是频次高，中国大陆每年平均发生20次5级以上、3.8次6级以上及0.6次7级以上地震。这意味着，平均来看，我国每年就可能遭受到4次以上的强烈地震袭击。二是强度大，2000年以来全球共发生18次8级以上地震，绝大多数发生在海洋，而我国大陆地区就发生过2次8级以上地震。三是分布广，我国大陆有30个省份发生过6级以上地震，19个省份发生过 7 级以上地震，12个省份发生过8级以上地震。

还需要指出的是，以往没有强震记载的地方，并不意味着以后就不发生强震。例如青海和四川历史上就没有发生8级地震的记载，但2001年青海发生了昆仑山口西8.1级地震，2008年四川发生了汶川8.0级地震。这样的地震活动态势，使得我国始终面临着强烈地震的威胁。

我国地震频发，与我国大陆区域构造运动密不可分。我国地处欧亚板块东段，北面有稳定的蒙古地台阻挡，西南部受印度板块向北东方向的碰撞挤压，东部受到太平洋板块向西偏北方向的俯冲推挤，处于三面“受挤”的

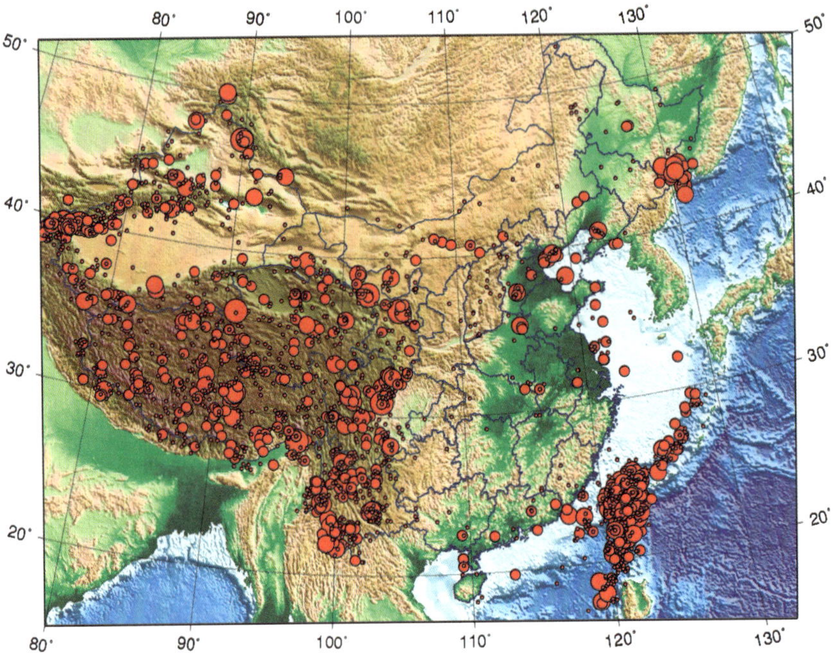

我国近代的地震分布

状态。印度板块向北东方向的强烈碰撞挤压，导致中国大陆西部直接剧烈隆起，形成世界屋脊——青藏高原，伴随有强烈的地震活动。受太平洋板块俯冲的影响，我国东部的地震活动也较强。这种与全球构造运动相关的长时期地质变动历史形成的构造格局及构造运动状态将始终存在。换句话说，中国大陆地区三面“受挤”的状态将始终存在。

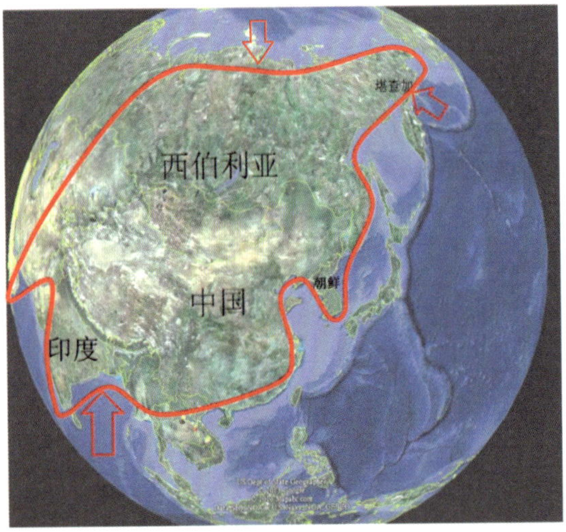

中国大陆地区三面“受挤”的状态

根据研究结果，有关学者将中国及邻近地区划分为23个地震带。

东部主要有郯城—庐江地震带、河北平原地震带、陕西汾渭地震带、燕山—渤海地震带、东南沿海地震带等；西部主要有南、北天山地震带，祁连山地震带，昆仑山地震带，喜马拉雅山地震带等；中部有斜穿大陆腹地的南北地震带。另外还有台湾地震带，属于西太平洋地震带的一部分。

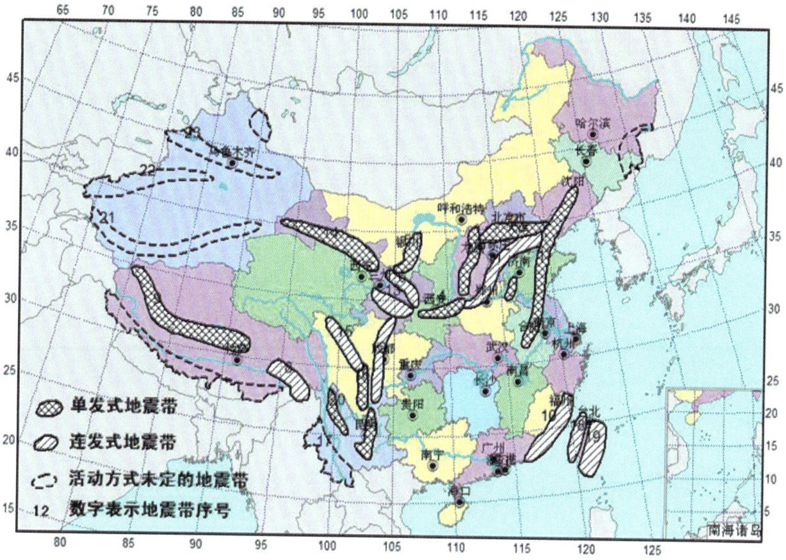

中国地震带分布图

根据地震带的分布，可以看出我国的地震主要分布在几个地区：

（1）华北地区（含东北南部）：包括郯城－庐江带（沿郯庐断裂，从安徽庐江经山东郯城，穿越渤海至辽东半岛、沈阳一带），燕山带，河北平原带（太行山东麓），山西带（主要沿汾河地堑），渭河平原带（主要沿渭河地堑）。

（2）东南沿海地区：包括东南沿海带（主要在福建及广东潮汕地区），台湾西部带，台湾东部带。

（3）西北地区：包括银川带，六盘山带，天水－兰州带，河西走廊带，塔里木南缘带，南天山带，北天山带。

（4）西南地区：包括武都－马边带，康定－甘孜带，安宁河谷带，滇东带，滇西带，腾冲－澜沧带，西藏察隅带，西藏中部带。

此外，还有东北深震带（主要在吉林、黑龙江的东部）。

地震专家研究分析认为，目前的地震活跃期还没有马上结束的迹象，未来几年还有继续发生7级以上地震的可能，6级以上强地震活动可能会比较频繁，地震形势依然十分严峻。因此，必须认真做好震害防御各项工作。

对地震灾害防御的研究应包括大数据挖掘

人类对地震灾害的研究始于对它的恐惧，对地震灾害防御的研究可通过以下几个方面进行。

（1）地震调查

直接对地震区域各种地震现象进行调查、分析、研究和评估。这是了解

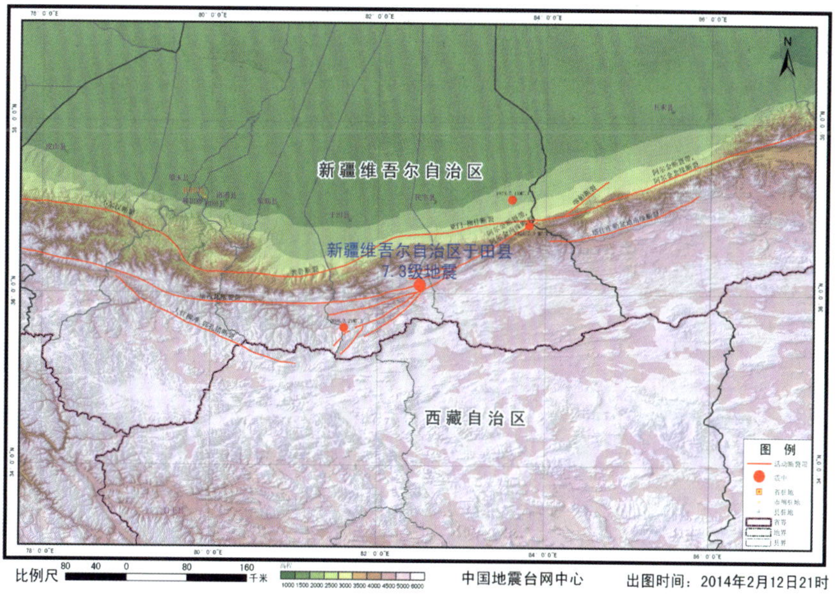

新疆维吾尔自治区于田县7.3级地震震中位置图

掌握地震发生全过程必不可少的重要环节，特别是对震中及极震区的调查。调查是综合性的，目的包括判断地震的性质、成因，防震、抗震以及地震预测等。

（2）地震区划

按一定标准，划出各个地震活动带的活动情况和危险程度。地震区划方法各异，通常以地震的地理分布、次数和强度为依据，即以统计的方法划分地震带；还可以用地震地质的方法，也就是根据地震地质条件，结合统计结果，进行地震的地区划分；也有根据地震能量和频度分布情况来划分的。地震区划作为建筑工程抗震设防的依据或要求，是国家经济建设和国土利用规划不可缺少的基础资料。

地震断层形成的表面破裂带

（3）地震预防

专门研究地震对建筑物、人造结构物的影响和破坏规律。为了寻求最科学、最合理的抗震设计，在地震发生时不致受到严重破坏，需要研究地震作用条件下的结构动力学及结构材料力学问题，同时研究场地地质、土壤条件，对建筑场地进行安全性评价。

（4）地震预测

场地地质勘察

地震学研究的一个极为重要的目标，就是尽可能准确地预测地震。为地震预报提供依据的方法和手段很多，有的是寻找与地震内在因素有关的现象和数据，如大地形变、地应力、能量积累、断层移动、大地构造因素等；有的是寻找与地震发生的外部因素有关的现象和数据，如气象条件、天文情况等；有的则是依据地震前的许多前兆现象来预报。

（5）地震物理研究

地震的发生过程基本上是一种物理过程，可以作为一种物理现象来研究，有以下几个方面：

一是地震波理论——研究地震波的传播途径和规律以及能量的传播过程。

二是地震机制——研究地震的成因、震源附近地区应力和应变情况以及地震发生的力学过程。

三是地震过程的固体物理学——由地震发生过程中得到的全球性的各种数据，推断地球内部物质的物理性质，如温度、压力、密度、刚性、弹性模量、电磁性质等随深度的变化规律，以及在特殊条件下，地球深处高温高压环境中固体介质的各种特性和变化规律。

四是地震信息——地球的地壳、大洋、地壳内的地幔、地核都能传递地震信息。研究地震信息在地球本身传递的规律，有助于了解地球内部及地壳的构造。

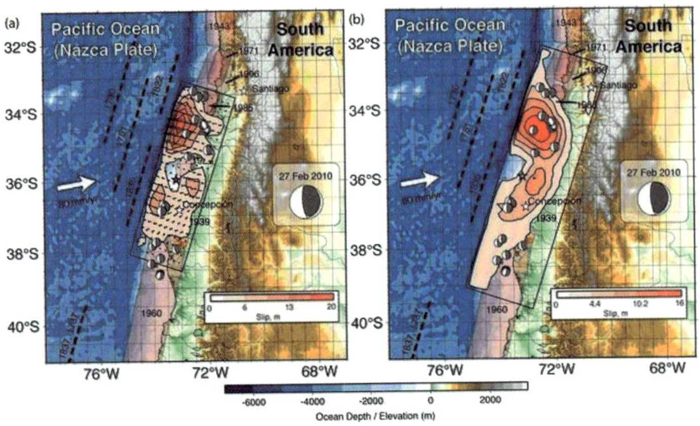

2010年2月27日智利8.8级地震断裂过程

（6）地震大数据挖掘

近年来，地震信息化发展迅速，地震行业也将伴随着不断增长的数据量和数据种类衍生出“大数据”现象，挖掘“地震大数据”核心价值及其对行业发展提供的深刻、全面的洞察力，对地震数据管理、应急决策、震情分析、信息服务都将产生巨大的影响。

地震数据来源于多种地球物理场的观测，今后一个时期，地震系统各部门应在不断更新现有数据的基础上，着力加强数据的应用。数据挖掘技术的发展水平，直接关系到地震数据的开发利用程度。在重大地震工程建设中，应注重开展数据应用。依托当前国家的信息化建设，充分挖掘地震“大数据”的内在价值，将为地震行业的创新发展、地震预报、地震应急决策、震害防御、地震科普宣传提供智能化、科学化的技术手段。

建筑物在地震中受损情况与多种因素有关

按照我们国家抗震设防目标要求，简单、通俗地讲有一个基本原则："小震不坏，中震可修，大震不倒"。

——中国地震局地球物理研究所研究员 俞言祥

强烈地震突如其来，顷刻间，房屋大面积倒塌，造成人员伤亡惨重。

人们常说，地震来袭时地动山摇，房屋随之倒塌。那么，地震到底是以什么方式来破坏建筑的？

由于建筑物依附在地球表面，建筑物受地震破坏的方式主要受地震波的传播方式影响。简单地说，建筑物破坏有三种方式：上下颠簸、水平摇摆、左右扭转。多数时候，还是三种方式的复合作用。

地震波传播方式有纵波、横波、面波，由于地球表层岩性的复杂性，传播过程中也会出现像激流中"漩涡"的复杂情况。

在青海玉树地震中受毁的砖混结构房屋

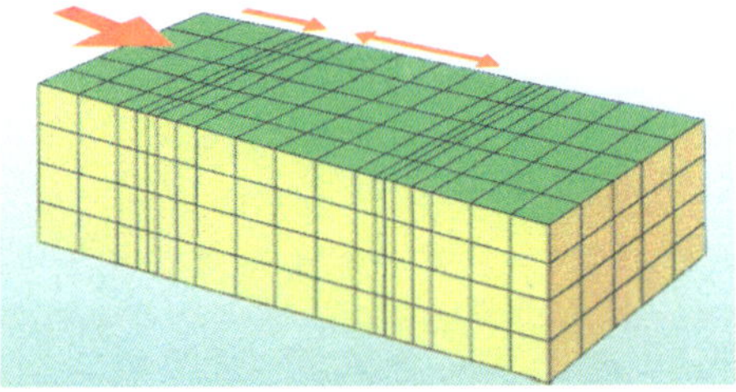

纵波

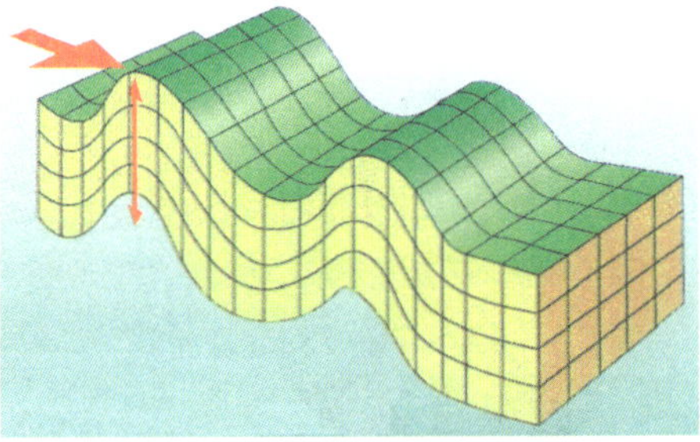

横波

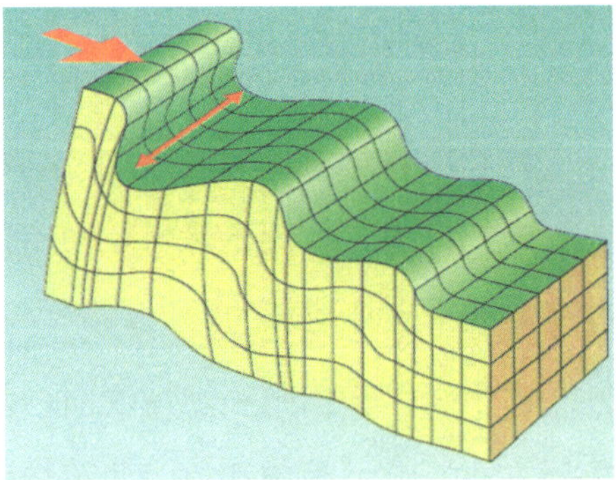

面波

纵波是推进波最先到达震中，它使地面发生上下振动，破坏性较弱。

横波是剪切波，第二个到达震中，它使地面发生前后、左右抖动，破坏性较强。

面波是由纵波与横波在地表相遇后激发产生的混合波。其波长大、振幅强，只能沿地表面传播，面波使建筑物水平摇摆，相当于对建筑物沿水平方向施加了一个来回反复的作用力，若底部柱、墙的强度或变形能力不够，就会使整栋建筑物向同一方向歪斜或倾倒，是造成建筑物强烈破坏的主要因素。

还有一种破坏现象是扭转。引起扭转的原因是有的地震波本身就是打着“旋儿”过来的，也有的情况是因为面波到达建筑物两端早晚的时间差引起的。这种情况引起建筑物扭动。建筑物一般抗扭能力较差，很容易扭坏。震区有的房子角部坍塌，多属这种情况。

一旦碰到上下颠、左右摇、扭转三种方式共同发生，破坏力就更加可怕。在离震中较近的范围，往往三种方式交织作用，所以破坏力很大。

另外，每个建筑物都有自己特定的自振频率，如果这个频率与地震作用的频率接近，还会引起类似共振的效应，那样带来的破坏力就更可怕了。

此外，还有一种破坏形式叫“液化”。如果建筑物基底是粉细沙，房子建在上面，当大地摇动时，沙粒向旁边跑，房子就会往下沉，引起倾斜甚至倒塌。唐山地震时，很多房子就是这样损毁的。

建筑物的受损情况除了与震级作用大小有关外，还跟场地条件、设计、施工等多种因素有关。

我国1989年以后制订的《建筑抗震设计规范》的设防目标要求建筑物做到“小震不坏，中震可修，大震不倒”。所谓“大震不倒”，是指地震发生时，实际地震烈度比抗震设防烈度高1～1.5度时，建筑物应当不倒塌。汶川和都江堰按原抗震设计规范的设防烈度都是Ⅶ度。2008年汶川地震对这两个地方的影响都超过了Ⅶ度。有资料说都江堰达到了Ⅸ度，汶川更高，映秀达到Ⅺ度，超过“大震”设防烈度很多。震中附近的映秀、北川的烈度高达Ⅺ度，建筑物倒塌很难避免。

防御地震灾害，必须重视抗震设防

地震本身并不会剥夺人的生命，是什么在剥夺人的生命呢？是糟糕的建筑以及我们在建筑物当中不当地对物品的堆放等造成的一些自身灾害。所以，只要我们采取科学的应对，是有可能很大限度地减轻地震灾害损失的。比如说，我们的住房能不能建得更加坚实、坚固？

——中国地震台网中心主任　潘怀文

唐山是一个人口超百万的大城市，尽管在1976年时大量建筑物为近代新建，但在建筑时都没有经过抗震设计，唐山地区几乎所有工业建筑、民房建筑的设防都比较低，当时是按照基本烈度Ⅵ度以下设防的，所以，唐山大地震造成的破坏程度很大，伤亡也很重。

唐山地震启示我们，随着国民经济的飞速发展，城市建设的抗震设防应该被认识和加强。否则，经济越发达的地区，一旦发生破坏性地震，遭受的损失会更大。

2008年的汶川地震造成778.91万间房屋倒塌，2459万间房屋损坏，北川县城和汶川映秀镇等一些城镇几乎夷为平地。为什么震区房屋大量倒塌破坏？其主要原因是：汶川地震释放的能量巨大，导致破坏力极强，严重的地震地质灾害加剧了房屋破坏程度；极震区抗震设防烈度偏低，致使房屋抗震设防能力不足。抗震设防监管存在一定欠缺，普通农居基本不具备抗御地震的能力，城市仍占一定比例的老旧房屋倒塌较多。

唐山大地震遗址

在极重灾区北川县城，虽然整个县城遭受严重损坏，但仍有近30%的房屋建筑由于采取了抗震设防措施虽严重受损而未倒塌，减少了人员伤亡。震区内的水电重大工程，根据地震安全性评价结果采取了抗震设防措施，经受住了考验，包括紫坪铺在内的1996座水库、495处堤防虽有部分出现不同程度的沉降错位，附属设施遭到一定破坏，但大坝主体没有严重破坏，无一溃坝。

在2010年的玉树地震中，玉树州、县驻地——结古镇，建筑物倒塌50%以上，部分地区建筑物倒塌达90%。建筑物抗震能力弱，是一个突出的问题，巨大的人员伤亡和经济损失，主要来自于建筑物的破坏。当然，我们也看到，近年来由政府主导的农牧民安居房，在地震中都经受住了考验，损失较轻。因此，经验和教训都值得认真总结和汲取。

抗震设防能力不足是造成房屋大量倒塌的重要原因，也是我国与美国、日本等发达国家在防震减灾能力上的主要差距。防御地震灾害，必须高度重视抗震设防。尤其是在城市的规划设计中，一定要充分考虑抗震设防的问题。

地震活断层探测和地震危险性评价，城乡规划建设的地震安全区划，重大建设工程、生命线工程和易产生严重次生灾害工程的地震安全性评价，一般工业和民用建筑物抗震设防要求管理等，都是最大限度减轻地震灾害的基础工作。

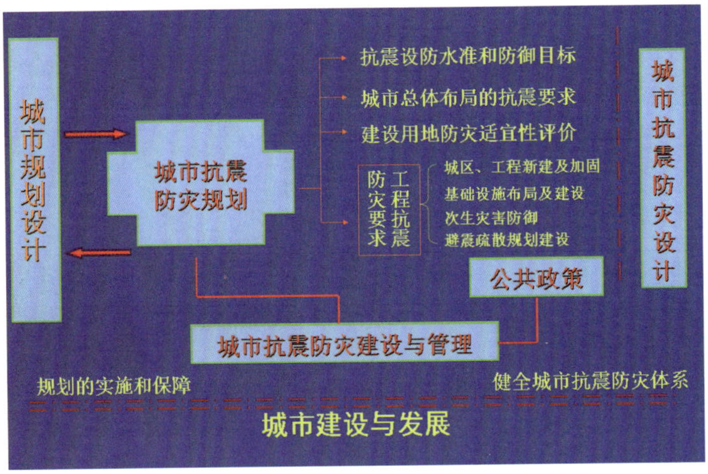

进行城市规划设计要充分考虑抗震设防

地震基本烈度和地震动参数区划图

近几十年来，“基本烈度”这一概念已为工程界普遍接受并广泛使用。在我国的工程抗震设计规范中，设防地震就是以“基本烈度”的形式体现的。随着地震科学事业的发展，基本烈度的概念没变，但含义却在不断地丰富和发展着。

我国许多地区是强震活动区，建筑物和人民生命财产常受到地震的威胁。在这样的地区进行建设时，就需要考虑建筑物的抗震措施，以确保人们的生活与生产安全。为此，设计工程师首先要知道建设场区的地震基本情况。具体来说，就是要掌握基本烈度。

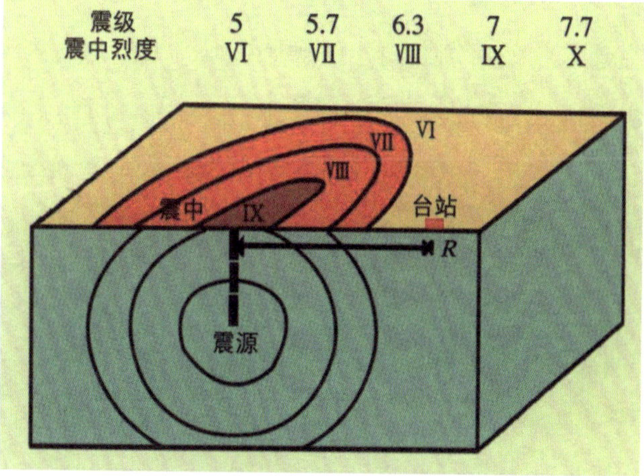

烈度是衡量地震破坏程度的尺子

为什么称基本烈度呢？因为它不是某一次地震影响所导致的烈度，而是用统计学方法计算得来的综合烈度，即在今后若干年内，这一地区可能遭遇到的最大危险烈度。加上“基本”二字，是为了与一般使用的烈度区别开来。

20世纪50～60年代，确定地震基本烈度主要是依靠大量的历史地震资料。根据资料确定每次地震在各地造成影响的程度，分析地震的频率，及其他地震活动特征，再结合当地地质构造运动的特点，并根据场地是在地震活动区还是在地震影响区给予加权，最后确定基本烈度。

为了满足大规模工程建设的需要，20世纪50年代编制了《中国地震烈度区划图》。原始图是以历史地震统计方法得到的综合烈度图为基础，结合地质构造条件类比而成，所用的划分标准是基本烈度。这种图没有时间限制，若用于大规模长远建设规划，是没有问题的；但作为具体建筑物的抗震设计使用时，有时则不能满足工程师们的要求。他们所关心的，往往是建筑物在有效使用寿期内，有无遭遇地震危险的可能，以便在设计时考虑抗震安全措施。

各种建筑物都有一定的使用寿命，短的不过一二十年，如轻纺工业或火电厂厂房建筑等；也有数十年至数百年的，如大型水坝和铁路桥梁等。如果在建筑物使用寿期内不致遭遇危险地震，就无须过多考虑抗震措施，以便节省资金。

很明显，建筑设计工程师所需要的地震区划图是要附有明确的时间概念的，例如标明10年、20年、50年或100年内可能遭遇的最大地震烈度。

从1972年至1976年，国家地震局编图组完成了1∶300万地震区划图，这是描绘了初具时间概念的地震基本烈度区划图。图中表示的地震基本烈度的含义是：未来百年内，平均土质条件下，场区可能遭遇的最大地震烈度。该图作为中小工程抗震设防的依据，一直沿用到1991年。

到20世纪80年代，国内外在地震区划图的编制技术和方法上有了新的进展，工程结构力学和抗震设计也发展到了以极限状态为安全标准的概率设计阶段。为了适应工程建设抗震设计的实际需要和地震科学的发展水平，国家地震局重新编制了具有概率含义的《中国地震烈度区划图（1990）》。该图所标示的地震烈度值系指50年期限内，一般场地土条件下，可能遭遇超越概率为10%的烈度值，即达到和超过图上烈度值的概率为10%。50年超越概率为10%的风险水平，是目前国际上一般建筑物普遍采用的抗震设防标准。

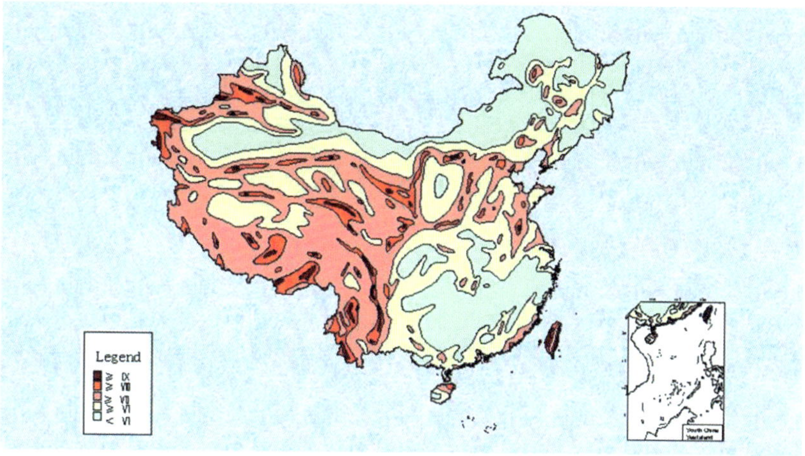

中国地震烈度区划图（1990）

2001年8月1日，《中国地震动参数区划图》（GB 18306—2001）颁布实施。它以地震动峰值加速度和地震动反应谱特征周期为指标，将国土划分为不同抗震设防要求的区域。

前面提到的几代区划图的编制，反映了中国地震科学发展的不同阶段，以及中国同国际地震区划研究不断接轨的过程。然而，前几代区划图没有着重考虑地震区划的综合防震减灾作用，特别是没有充分考虑地震区划图在保障国民生命安全方面所起的作用。

目前，我国新一代《中国地震动参数区划图》（GB 18306—2015）已发布，将于2016年6月1日起实施。这就是我国第五代地震区划图。在编制新区划图的过程中，考虑了中国大陆活动断层的分布特点与活动性质、地震类型与发生频率、地震动衰减关系等因素，确定了全国各地房屋、建筑、设备设施抗震设防的具体要求。新版地震区划图的发布，将进一步提高我国的抗震设防标准，提升地震灾害预防能力。

中国地震动峰值加速度区划图

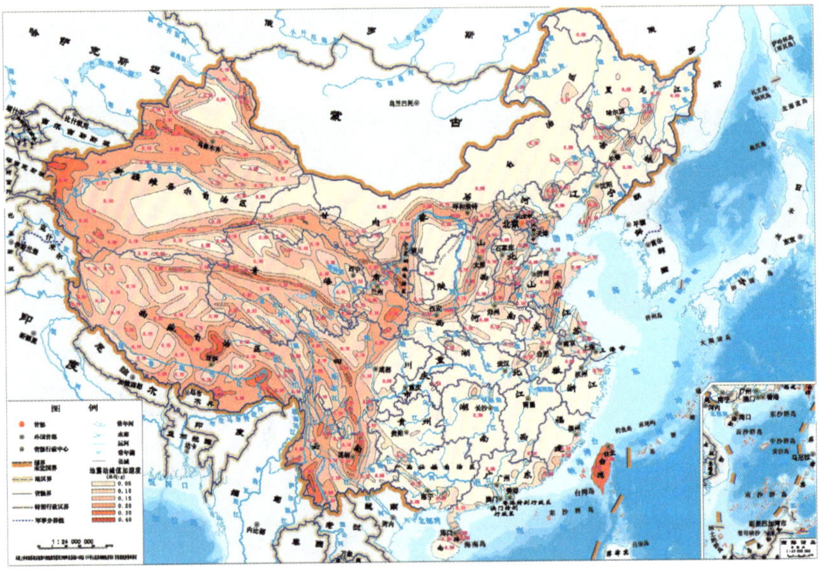

中国地震动反应谱特征周期区划图

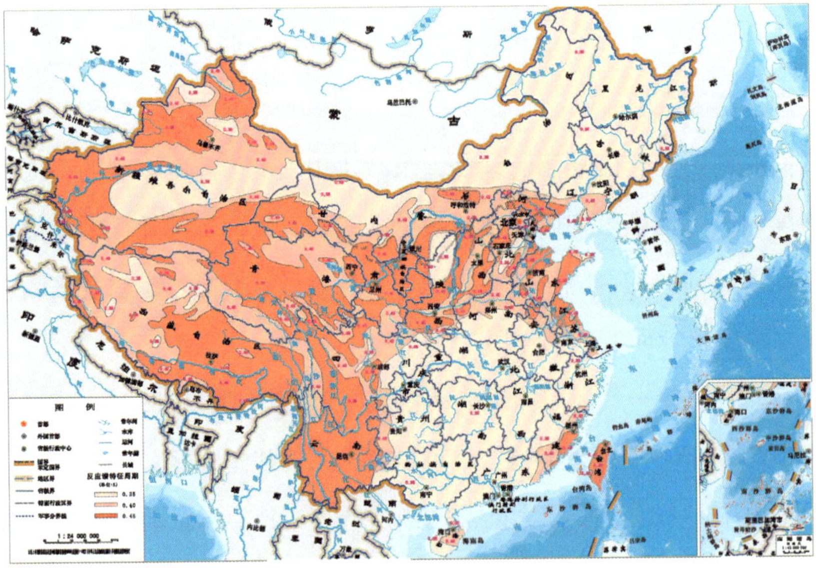

我国第五代地震区划图（缩略图）

应对地震最好的方法就是做好震害防御工作

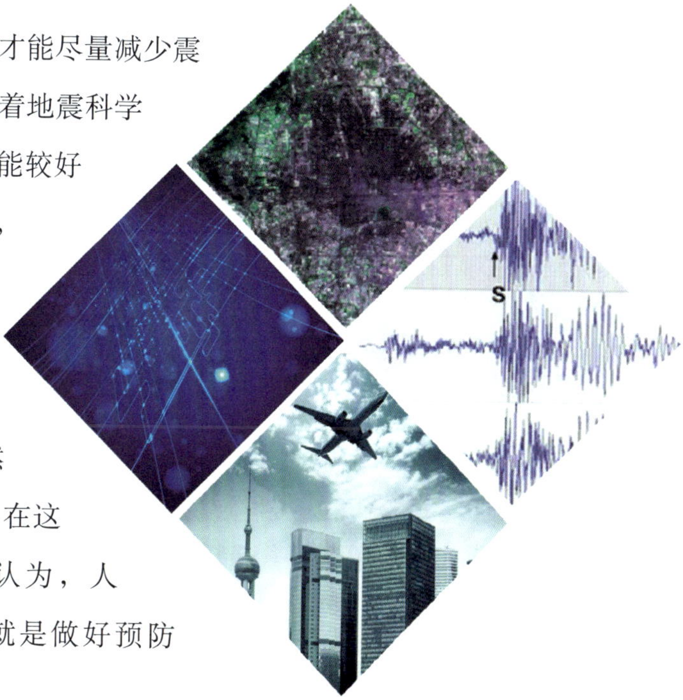

人们经常会问：怎样才能尽量减少震灾给我们带来的伤害？随着地震科学的不断发展，科学家们已能较好地测知地震可能会有多大，会造成怎样的影响，在一定条件下也可以统计出地震发生的概率。然而，地震预测仍然是一个世界性科学难题。在这种情况下，专家们普遍认为，人类应对地震最好的方法就是做好预防工作。

1976年唐山大地震后，我国开始全面重视建筑物的抗震设防问题，从“地上不设防”进而到“把地上搞结实”“把地下搞清楚”。

“把地上搞结实”就是采取设防措施，提高建设工程的抗震能力。除了重视城市的抗震设防，国家还实施了农居工程，逐步改变了农村“小震

震后的唐山成为了一片废墟

致灾”“大震巨灾”的状况，有效减轻了人员伤亡。截至2014年底，全国除上海市外30个省区市都开展了农居工程示范试点，共建成1040万户，惠及4000多万人。

农居工程已经在一些地震中发挥了重要作用。比如，新疆2004年率先实施农居工程以来，实现了5级地震“零伤亡”，6级地震“零死亡”。

地震导致建筑损毁是造成人员伤亡的重要原因。“减隔震新技术”的应用，正在成为降低震害损失的“法宝”。2011年3月11日，日本东北部海域发生9级地震，在仙台、福岛震中区域有几百

栋隔震建筑，震后无损，其中包括超过100米的高层隔震建筑。

正在施工的隔震座

中国地震局正在推广减隔震等技术应用，云南、北京、四川、甘肃、青海等地已建成减隔震建筑3000多栋。2008年开始建造的全球最大的单体隔震建筑——云南昆明新机场航站楼就采用了混合减隔震技术。

“把地下搞清楚”就是要查明地下地质结构，包括地基情况、活断层分布等，城市新建的重要设施、居民小区等，尽可能避开危险区域；已经建

昆明新机场模型

设的重要建筑设施能尽早采取防范措施。大规模开展城市活断层探测，就是“把地下搞清楚”最常用、最有效的手段。

【背景资料：隔震技术】

地震动引起地面上房屋以及各种工程结构的往复运动，产生惯性力。当惯性力超过了结构自身抗力，结构将出现破坏。这就是大地震造成房屋破坏、桥梁塌落以及其他众多工程设施损毁的根本原因。

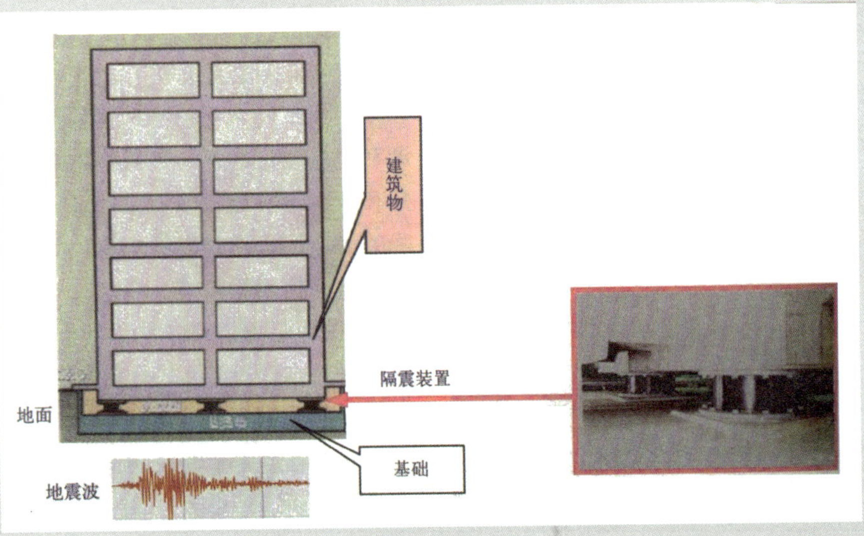

隔震房屋示意图

在过去，人们往往是通过提高设防烈度来提高建（构）筑物的抗震能力。现今，随着科学技术的飞速进展，在抗震方面也有了许多创造和进步。人们可以采用结构控制、智能平衡减震以及基底隔震等技术，有效地提高工程或建（构）筑物的抗震能力，其中基底隔震是相对比较成熟的技术。

隔震是在建筑物上部结构与基础之间设置隔震层，通过隔震层的大变形，来延长结构体系的自振周期、增大阻尼，减少输入上部结构的地震能量，从而减轻地震破坏。

抗震是硬抗，地震来了地面晃动，房屋跟着晃动，就会引起房屋倒塌。为了抗震，就要加大建筑物的断面，加粗钢筋，使房屋建得很强壮。而隔震减震技术是采用“以柔克刚”的办法，设一个柔软层，将地震隔离掉。

昆明机场的减隔震技术

1994年美国加州北岭地震时，震感强烈，不少房屋遭到破坏并引起多处火灾，人们惊慌失措，社会动荡不安。然而，在南加州大学医院的两栋大楼里，人们却没有任何感觉，楼里的医务人员和病人看到楼外的人们慌慌张张地四处奔跑，还感到迷惑不解呢!原来，这两栋大楼建筑时运用了基底隔震技术，在大楼的基座上安置了用橡胶以及钢、铅制成的隔震垫（由于这种隔震垫主要由橡胶制成，所以又叫橡胶垫）。正是由于隔震垫吸收了大部分地震波的能量，因而建筑物受到的震动就很小，保障了建筑物的安全。

隔震技术具有很多优点：一是安全性好。据有关专家介绍，采用了隔震装置的建筑物，能够极大地消除结构与地震动的共振效应，显著降低上部结构的地震反应，在强震作用下基本上不会遭到摧毁；二是成本低，比传统的抗震成本节省5%～20%；三是应用广泛，几乎所有的建筑物，新的和老的，重要的和一般的，都可以采用。

重视地震安全性评价工作和数据的管理共享

工程建设场地地震安全性评价是指对工程建设场地进行的地震烈度复核、地震危险性分析、设计地震动参数的确定、地震小区划、场址及周围地质稳定性评价和场地震害预测等工作。其目的是为工程抗震确定合理的设防要求，达到既安全、又合理的建设投资目的。工程建设场地地震安全

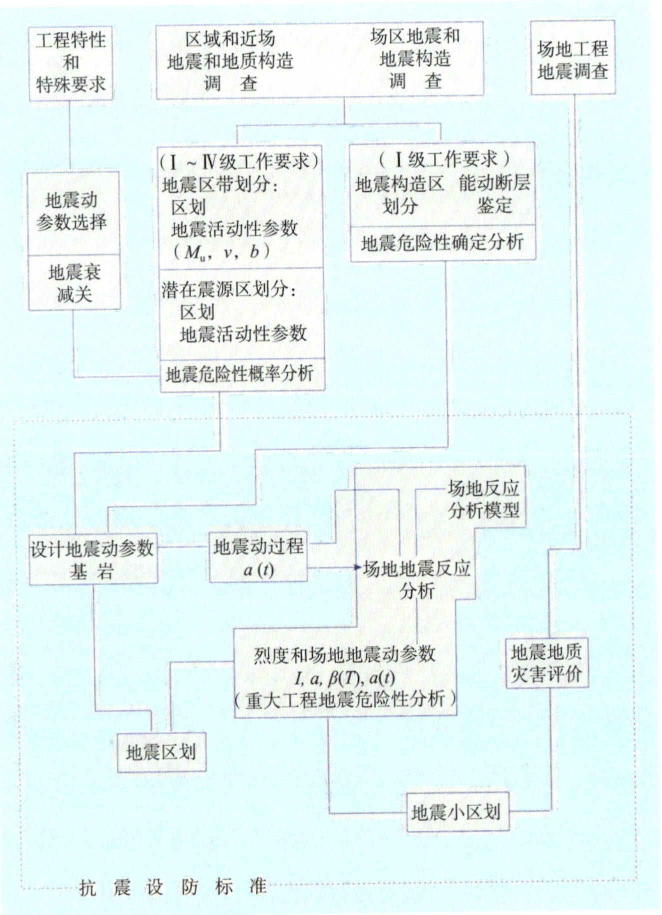

地震安全性评价工作内容

性评价是抗震设防工作的一项重要内容。

地震安全性评价对于建设工程的合理布局、工程场址的选择、提高抗御地震灾害的能力、减轻地震灾害损失，具有重要作用。《中华人民共和国防震减灾法》规定，重大建设工程和可能发生严重次生灾害的建设工程以及核电站和核设施建设工程，必须进行地震安全性评价；并根据地震安全性评价的结果，确定抗震设防要求，进行抗震设防。

为了加强对地震安全性评价的管理，防御与减轻地震灾害，保护人民生命和财产安全，根据《中华人民共和国防震减灾法》的有关规定，我国还专门制定了《地震安全性评价管理条例》。

考虑到我国幅员辽阔，各地自然地理环境、地震环境和经济发展水平不同，《地震安全性评价管理条例》对必须进行地震安全性评价的建设工程范围作了细化，即：国家重大建设工程，受地震破坏后可能引发水灾、火灾、爆炸、剧毒或者强腐蚀性物质大量泄露或者其他严重次生灾害的建设工程，受地震破坏后可能引发放射性污染的核电站和核设施建设工程以及省、自治区、直辖市认为对本行政区域有重大价值或者有重大影响的其他建设工程，都必须进行地震安全性评价。

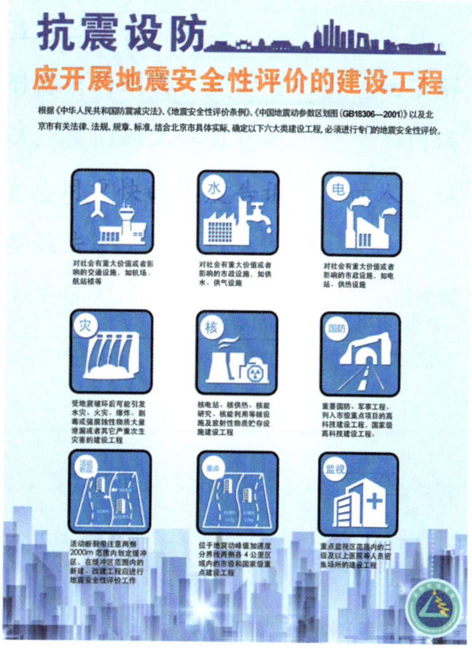

地震安全性评价宣传挂图

在对地震安全性评价单位的管理方面，《地震安全性评价管理条例》确立了资质管理制度。这主要是考虑到地震安全性评价工作涉及人民生命和财产安全，是科学、合理地确定建设工程抗震设防要求，保证建设工程质量的基础，是一项包含地震学、地震地质学、工程地震学等多个专业学科的综合性技术工作。

地震安全性评价单位对建设工程进行地震安全性评价后，应当编制该建设工程的地震安全性评价报告。

地震安全性评价报告应当包括：工程概况和地震安全性评价的技术要求、地震活动环境评价、地震地质构造评价、设防烈度或者设计地震动参数和地震地质灾害评价等方面的相关内容。

随着我国经济的持续发展，地震安全性评价工程项目的逐年增加，分散的地震安全性评价数据管理模式已不适应经济和社会发展的需要。建立一个基于互联网的地震安评数据集中管理系统，符合电子信息化进程的要求。

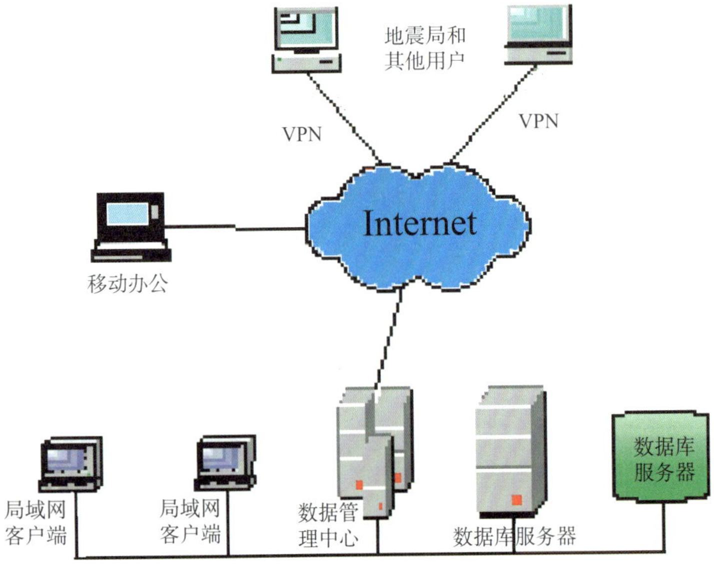

地震安评数据集中管理系统示意图

通过专用的政府信息网和公共的Internet，实现地震安评数据的集中管理并不难。实行地震安评数据的集中管理，有利于数据共享、数据再利用，提高办事效率等。地震安评数据的集中管理，对于打开地震信息网络社会公共交流闭塞的现状，开创地震部门电子办公窗口，增强地震部门的政府管理效能，必将产生积极的影响。

通过地震小区划对具体场地做更加深入细致的工作

地震小区划是对某一特定区域范围内地震影响的分布。地震小区划的目的是为城镇、厂矿企业、经济技术开发区等土地利用规划的制定提供基础资料，为城市与工程震灾的预测和预防、救灾措施的制定提供基础资料，为地震小区划范围内的一般建设工程的抗震设计提供设计地震动参数。

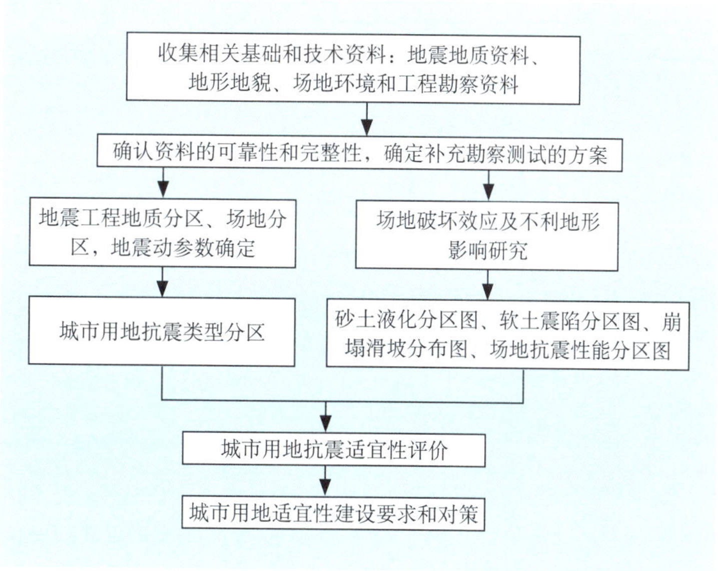

地震小区划是城市规划和土地利用研究的重要基础资料

地震小区划与全国地震区划的共同之处为：都是为一般建设工程提供抗震设防要求，为抗震设计提供设计地震动参数。但二者工作的细致程度、工作深度和工作内容有很大差别。全国地震区划是在平均场地条件下，对全国范围内的地震安全环境进行的区域划分；地震小区划是对某城镇、厂矿或开发区范围内的地震安全环境进行区划、确定这一范围内可能遭遇的地震影响的分布，包括设计地震动参数的分布和地震地面破坏的分布。因此，地震小区划应包括地震动小区划和地震地质灾害小区划。

地震的破坏作用多种多样，极其复杂，不同地质条件的场地在不同地震

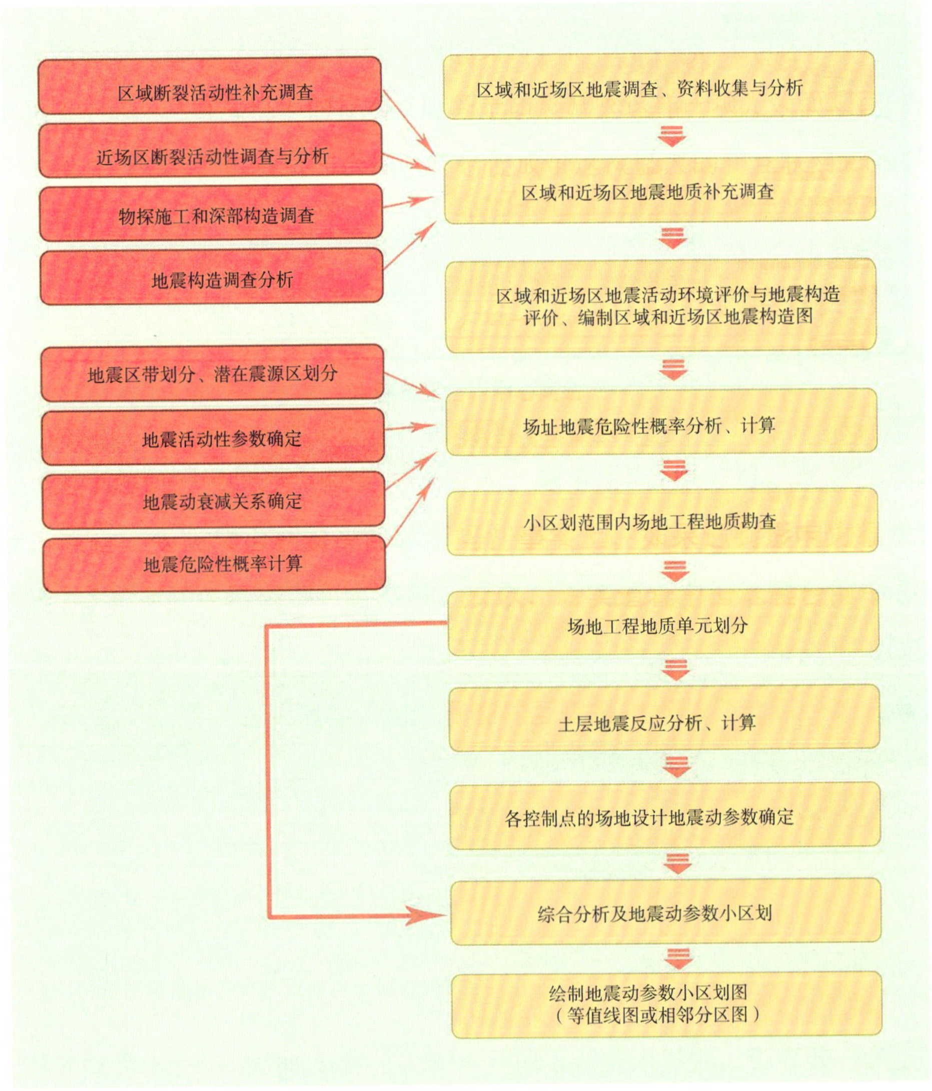

地震动小区划基本工作流程框图

作用下会产生不同程度及类型的地震地质灾害。为了对城市或厂矿等范围内不同地点的地震地质灾害评价结果进行综合表述，需要对地震地质灾害进行小区划。在进行地震地质灾害小区划时，应结合场地地质条件对某种或某几种类型的灾害作重点分析，并基于场地地震地质灾害评价结果给出地震地质灾害小区划图。

地震地质灾害主要是不良地质环境条件在地震的作用下，由地震力触发造成地质体的破坏而形成的。因此，评价工程场地地震地质灾害时，应判别地震时地质不良环境与地质体破坏的危险所在，并结合区内已发生过的地震

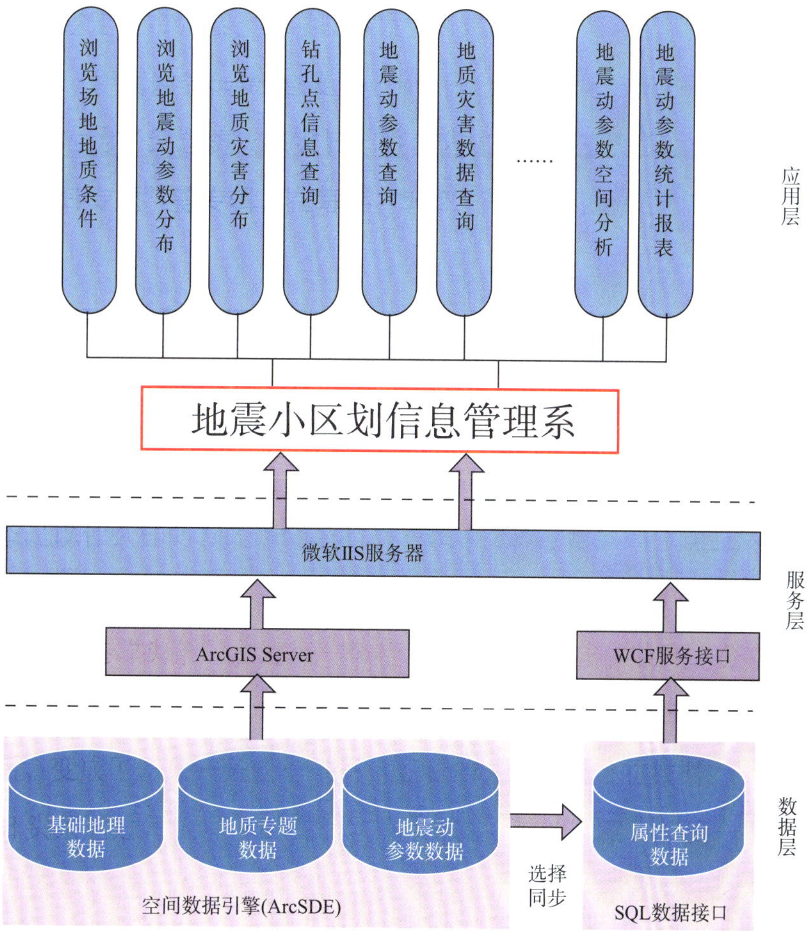

地震小区划信息管理系统

地质灾害特征，判别不同工程地质单元内地震地质灾害类型与其分布，根据评价区工程场地的工程地质条件和地震地质灾害判别标准，预测这些地震地质灾害的强度或破坏程度。

地震小区划必须针对具体场地做更加深入细致的工作，针对性更强、考虑的因素更多、精度要求更高。

在“互联网+”时代，为了充分利用现代信息技术，针对地震小区划成果数据特点，利用地理信息系统平台，可设计出对地震小区划成果数据进行组织、管理、查询和使用的地震小区划信息管理系统。

进行活动断层探测是减轻地震灾害的主要途径

活动断层又称活断层。一般是指晚更新世（约10万年）以来有活动的断层。活断层探测工作是指适用于地震监测预报、震害防御、城市减灾、国土规划、重大工程选址、工程抗震设计等方面的活动断层定位、活动性鉴定、断层危害性分析和实时监测等工作的总称。

断层错动会导致地面建（构）筑物破坏

活动断层是引发地震、地质灾害的决定性因素。断层错动引发的地面振动和断错会导致地面建构筑物破坏。活动断层沿线是地震、地质灾害分布最严重的区段。

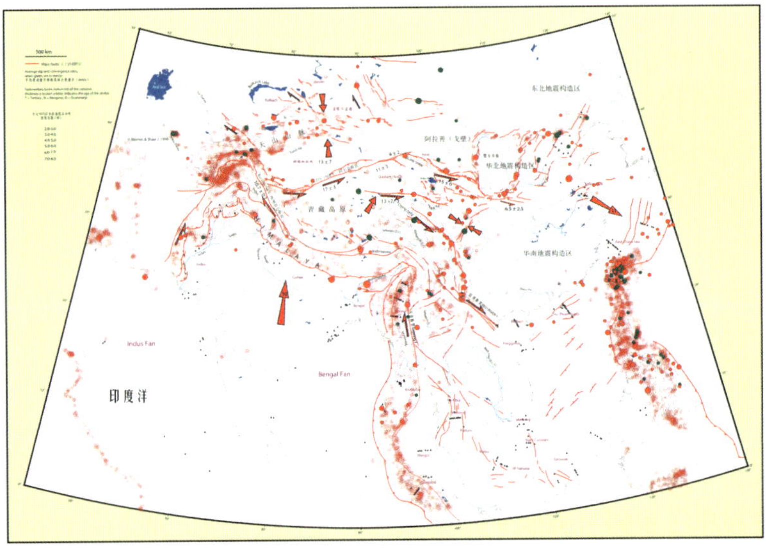

活动断层在地震灾害预测中的应用

地震地质工作实践总结表明，地震不仅与地质构造有一般的空间关系，而且还与其特殊的发震部位有关，这些特殊构造部位更易于地应力的集中，地震最可能在这些部位发生。这些部位分别是活动断裂带的交汇部位、活动断裂带曲折最突出的部位、活动断裂带端部和闭锁段、活动断裂带分支较多的部位。

尽管我们现在仍不能准确地预测地震未来发生的时间、地点和强度，但是，只要知道了活断层分布的准确位置以及它们的活动特性，也就知道了容易发生地震的地点，从而可以采取经济合理的防震减灾措施。因此，加强活断层调查和研究工作是减轻地震灾害的主要途径之一。

现在人们对活断层的研究可以通过航卫片解译、地质地貌调查、地质填图、探槽开挖等手段进行。在第四系覆盖地区，则必须使用各种地球物理探测和工程地质勘探方法。其目的就是要查明活断层的位置、活动时代、运动性质、滑动速率以及该断层上曾经发生地震的情况。

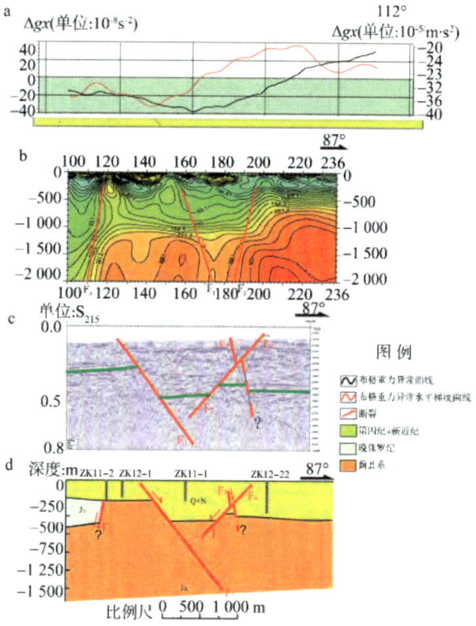
综合物探解译活动断裂带结构图

“互联网+”时代，在开展探测和研究工作的同时，要注意建立活断层信息服务平台。为此，要完善活断层与震害预测数据库，运用地震活断层综合应用软件平台完成区域地震活动性、地震危险性评价等工作，并为预测预防、应急、安评、宣教、办公等日常防震减灾工作服务。

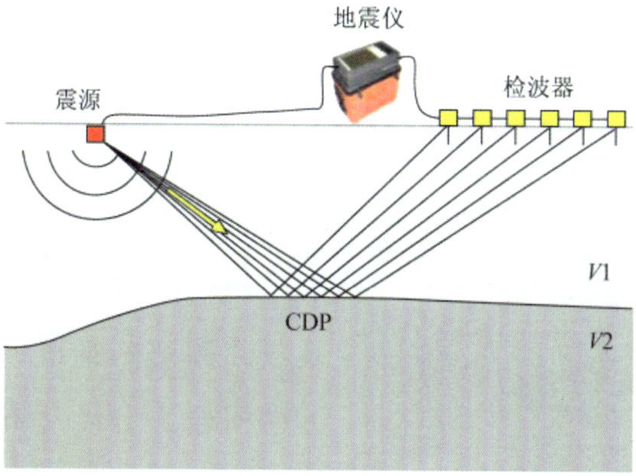

对活断层的研究方法

活动断层探测工作及其成果数据的共享和发掘、使用，将提高政府部门对城市地震活动断层危害性的预见性和抗御地震灾害的能力，为城市规划、建设、地震应急救援预案编制、重大工程场址选址、抗震减灾设防标准制定和地震监测对象及预测目标的确定等提供科学依据。探测成果的应用，可最大限度减少“地震盲区”，有效地减轻可能遭遇的地震灾害及其对社会的冲击和影响，保障人民生命财产安全与社会稳定，提高经济社会的可持续发展能力。

大城市活动断层探测与地震危险性评价

20世纪70年代以来，国内外对活断层的研究取得了巨大的成就，形成了一套完整的研究活断层活动习性的方法，特别是探槽开挖技术和古地震研究方法已非常成熟。

开挖探槽对活断层进行研究

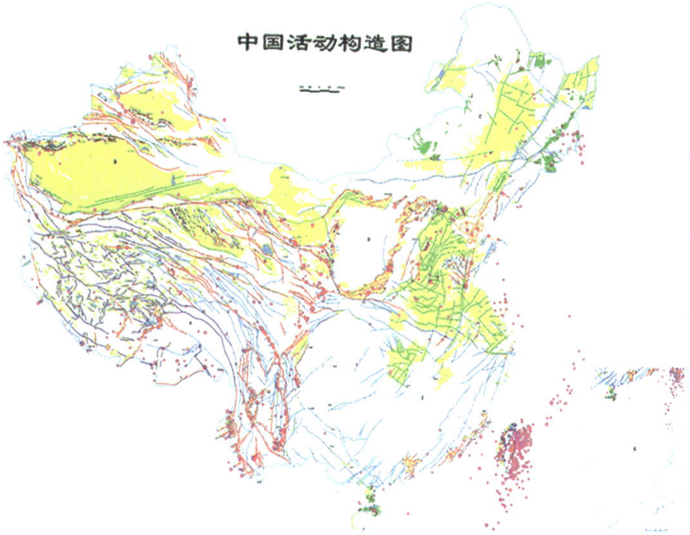

中国活动构造图

21世纪是中国经济持续高速发展的战略机遇期，国家拟建设一大批重大生命线工程、核电工程等基础设施，这些均需考虑地震安全问题。而地震安全性评价最基础的问题，是正确认识活动断层的位置、规模和发生地震的潜在危险性。中国已知的主要活动断层有400余条，目前仅对其中很小的一部分主要活动断层进行过探查与填图，这远远不能满足国家基础建设和防震减灾的需要。

阿尔金断裂带

作为“中国数字地震观测网络工程”一个重要组成部分，中国地震局2000年提出“大城市活动断层探测与地震危险性评价”项目，经过3年多立项论证于2004年6月正式实施。在福州市先期开展的试验探测基础上，以经济发达地区、人口密集地区、高烈度地区（地震基本裂度Ⅶ度以上）、发现存在活动断层迹象和存在发生破坏性地震危险等条件，选定北京、乌鲁木齐、上海、天津、昆明、西安、兰州、银川、海口、广州、呼和浩特、沈阳、南京、太原、郑州、宁波、长春、西宁、拉萨、青岛等20个城市开展活动断层探测与地震危险性评价。

“大城市活动断层探测与地震危险性评价”项目在20个城市探测断裂130多条，详细探测和评价断裂58条，确定活动断裂26条，所获成果主要有：编制完成20个探测城市1：250000工作区区域地震构造图和1：50000目标活动断层分布图；完成20个城市目标区内需探测的主要断层130多条，长度近4000千米，并对隐伏地下的长约1500千米的推测活动断层进行重点详探；对20个城市进行地震危险性评价，编制完成活动断层地震危险性评价成果图20幅；对20个城市进行地震危害性评价，计算获得活动断层地表破坏影响带评价图和近断层强地面运动影响场评价图各20幅；完成活动断层基础数据库建设。

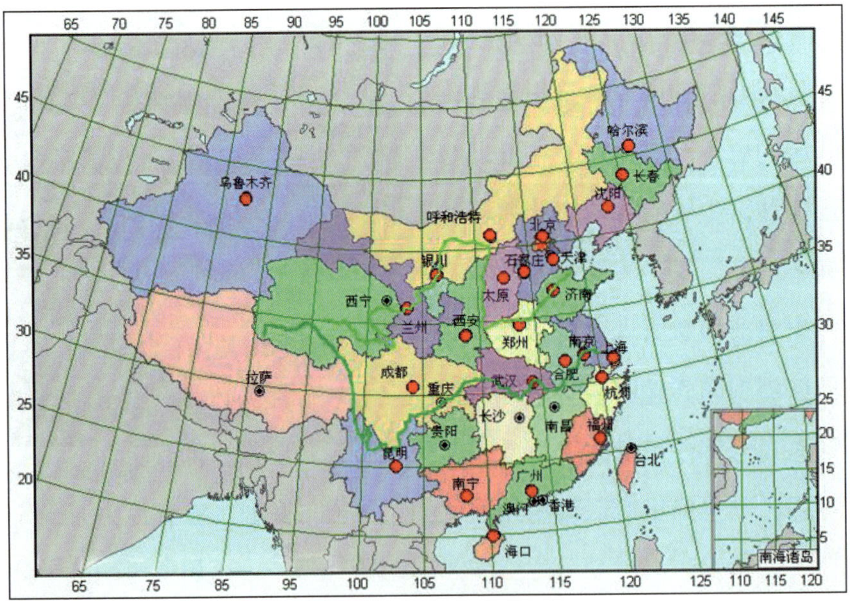

地震活断层探测城市分布

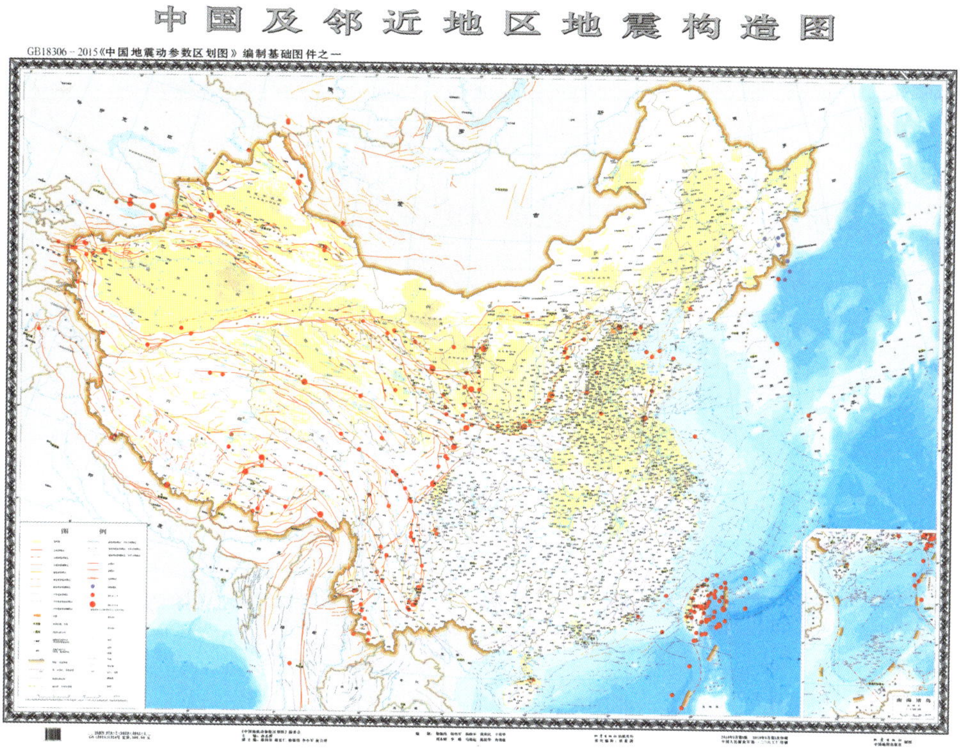

20个大城市活动断层探测与地震危险性评价各个阶段的数据、成果产出等进入各城市活动断层基础数据库，将为地震监测预报、震害防御、重大工程建设和科学研究等提供共享与服务。

通过对中国内地20个重要大城市实施活动断层探测与地震危险性评价工程，探明城市地下存在的活动断层分布与活动状况，预测活动断层的潜在地震危险性与危害性，为城市规划、建设、重要工程设施选址、抗震设防和地震应急措施、救援预案制订等提供了科学依据，提高了政府对城市活动断层危害的预见性。同时，也一定程度上提高中国抗御地震灾害的能力和中长期地震预测预报的科技水平，能有效减轻地震灾害对社会经济的冲击和影响，具有较好的经济、社会和科学效益。

【背景资料：中国数字地震观测网络项目】

中国数字地震观测网络项目，围绕防震减灾工作的监测预报、震灾预防和紧急救援三大工作体系。总体建设目标为：实现地震监测预报的数字化网络化，包括数据采集、传输、分析、应用，全面提高监测预报水平；在大中城市开展地震活断层探测和地震危险性评估，为工程的抗震设防积累实测数据；建立完善的全国抗震救灾指挥体系，做到信息灵、决策准、指挥有序、救援响应快；利用本项目建设后获得的各类数据，实现跨地区、行业数据共享，为社会提供更多信息服务。

中国数字地震观测网络项目涉及全国31个省（市）自治区，部分周边国家以及中国科学院和教育部所属有关院所，建设内容、规模是我国有史以来最大的防震减灾工程。

第五章

互联网+防震减灾宣传：创新内容方式，有效应对谣传

“互联网+”时代对防震减灾科普宣传工作提出了更高更新的要求。既要适应社会发展的要求，满足社会公众的心理情趣，又要及时消除在新媒体环境下随时可能出现和迅猛传播的地震谣传。地震预报的不确定性，为地震谣言的产生提供了温床；民众科普知识的欠缺，为谣言的传播提供了机会；互联网的普及，为谣言的迅速传播提供了条件。另一方面，互联网也为我们提供了极好的防灾宣传渠道和阵地。我们要利用好互联网这一阵地，让民众掌握抗震的“矛”与“盾”：地震来了，有“盾”可防；流言来了，有“矛”可击。

互联网/地震

汶川有一位老师、好校长，桑枣中学校长叶志平。学校有了钱，他去加固房子；而且，他连续多年坚持每学期都组织全校师生进行一次紧急疏散演习。在汶川地震中，紧邻重灾区北川县的桑枣中学的学生和老师无一伤亡。说明自然灾害虽然无情，很多意外伤害通过宣传和科学应对是可以避免的。

——中国著名作家、慈善家、“童话大王”　郑渊洁

不可忽视防震减灾科普宣传的重要作用

如果懂得防震知识，也许唐山留给我们的痛苦还能小一些；可能不会有那么多的人失去生命，那么多的家庭被拆散。地震后有学者发现，很多地震中的幸存者，都是懂得一些防震知识的人。他们利用自己掌握的仅有的防震知识、逃生知识，使自己躲过了那场灾难——至少，留下了宝贵的生命。

汶川地震再次凸显防震减灾科普宣传的重要作用。比如，四川省6个重灾市州建成10所省级和82所市县级示范学校，并经常开展疏散演练，把防震减灾知识宣传教育作为必修课程。与其他学校相比，这些学校在这次震灾中应急措施得力、处置得当，除1所学校外，基本达到零死亡，取得了明显的减灾实效。

四川德阳孝泉中学师生成功避险是防震减灾科普宣传发挥减灾实效的典型案例。汶川地震发生时，作为防震减灾科普示范学校之一的孝泉中学，

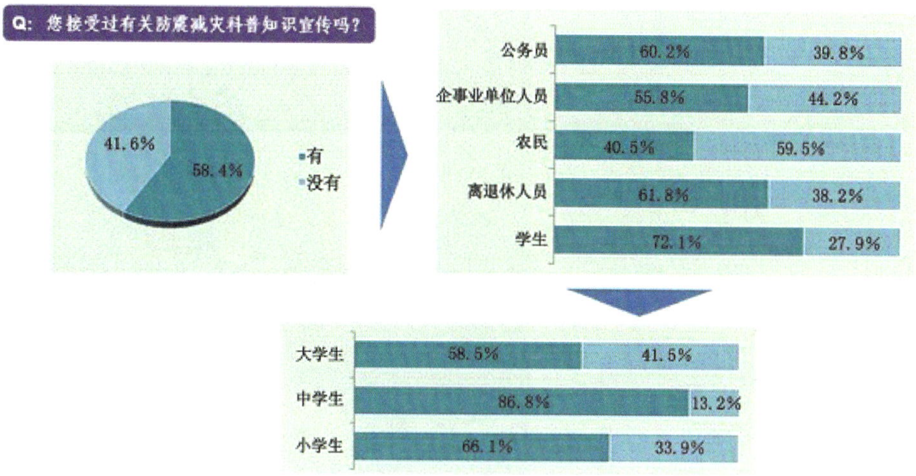

防震减灾知识普及率

1300余名学生在短暂惊恐后，迅速镇定下来，在老师带领下，仅用3分钟就全部有序疏散到操场，随后，高中教学楼轰然倒塌，其余校舍都成为严重危房，而师生无一伤亡。

然而，目前我国防震减灾科普宣传教育等公共服务总体上是比较匮乏的。群众基本不具备自救互救知识，震区很多人员疏散逃生不及时，方式方法不科学。尤其对于人员密集的中小学校，仅有防震减灾科

地震科普宣传挂图

普宣传示范学校等做到了有序疏散。

如果我们能够更好地普及地震知识，普及地震防范知识，让广大群众不仅知道地震的危害，更知道地震时的震兆，知道地震发生时如何逃生、如何选择相对安全的地方进行躲避，就能够有效减少地震对生命的危害，减少伤亡。

2009年3月2日，国家减灾委、民政部发布消息，经国务院批准，自2009年起，每年5月12日为全国“防灾减灾日”。通过设立“防灾减灾日”，定期举办全国性的防灾减灾宣传教育活动，有利于进一步唤起社会各界对防灾减灾工作的高度关注，增强全社会防灾减灾意识，普及推广全民防灾减灾知识和避灾自救技能，提高全民的综合减灾能力，最大限度地减轻自然灾害的损失。

信息时代的宣传工作要掌握创新主动权

习近平总书记在中央全面深化改革领导小组第四次会议上强调，要加快传统媒体和新兴媒体融合发展，充分运用新技术、新应用，创新媒体传播方式，占领信息传播制高点。

以互联网为代表的信息技术正在改变着世界，引领着未来。信息化加速向互联网化、移动化、智慧化方向演进。以信息经济、智能工业、网络社会、在线政府、数字生活为主要特征的高度信息化社会，将引领我国迈入转型发展新时代。防震减灾科普宣传工作，也要考虑如何与互联网进行深度融合，以紧跟时代的步伐。

国家减灾网网页

2015年，信息技术创新应用快速深化，“互联网+”的创新模式不断涌现。“互联网+政务”通过大数据等新一代信息技术，建立开放、透明、服务型的政府，实现

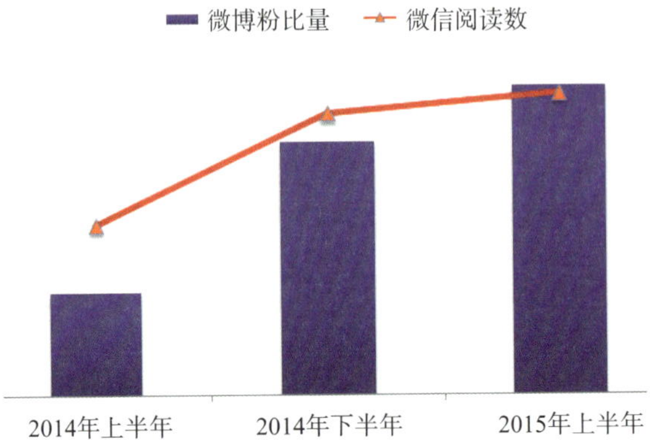

中央国家机关政务新媒体受众增长情况

政府治理能力现代化。数据显示，截至2015年6月，我国政务微博认证账号达到28.4万个，累计覆盖人数达45亿人以上。2015年粉丝量累计同比增长13.2%。2015年1~6月，中国政务微博发布量达到1147.7万余条，转发评论量达1.4亿条。在发布量明显增长的同时，评论转发比、原创微博量方面也有明显提升。

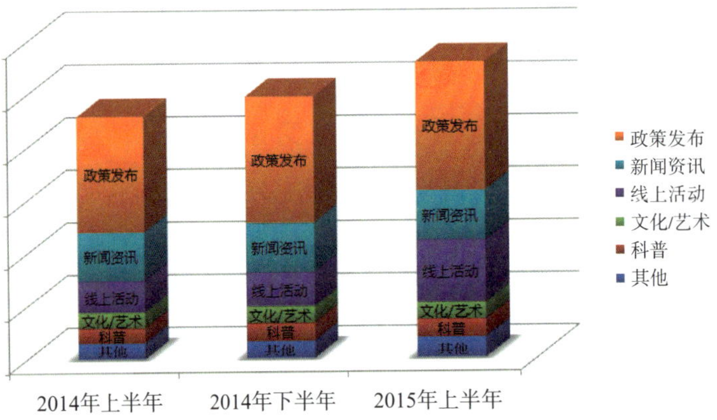

中央国家机关政务微博话题增长情况

2015年上半年，中央国家机关政务新媒体在双微领域的受众影响力继续平稳提升。微博粉丝数量、微信阅读量等数据较之2014年下半年均有增长，各单位重视双微共同发展，政务新媒体的功能性逐步增强，涌现出了大量百万级乃至千万级的“政务微博大V”和持续有“阅读量10万+”表现的政务微信公众号。

根据统计数据，中央国家机关微博在2014年累计发布内容超过30余万条，累计覆盖人次超过2.3亿，其中，“公安部打四黑除四害”“中国政府网”“中国地震台网速报”“最高人民法院”“外交小灵通”等账号在两大微博平台的覆盖人数在1000万以上。

2015年上半年，中央国家机关政务新媒体原创度继续保持在80%以上（排名前十的中国国家机关政务新媒体原创度均达到了90%以上）。一图解说、视频、H5海报等多媒体信息内容占比较2014年同期有所提升。这在很大程度上提高了政务微博的亲民性，也更加符合新媒体传播规律。

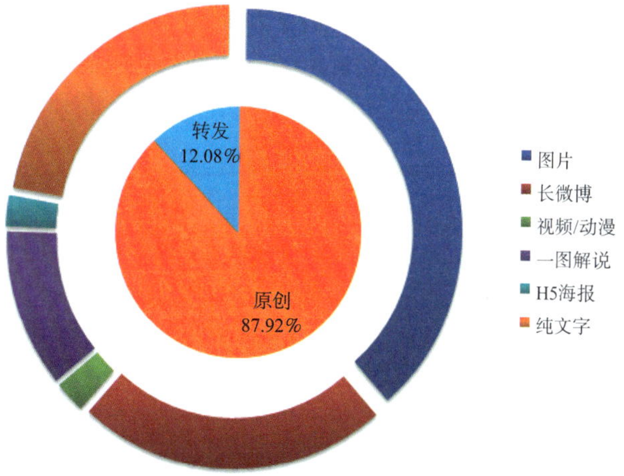

中央国家机关政务新媒体原创度

2015年上半年，中央国家机关政务新媒体互动数据表现抢眼，转发评论总量较2014年下半年增长11.5%，点赞量较2014年下半年增长19.7%。

“互联网+”时代，微博覆盖了人们的日常生活，浸入了人们的思想，关注微博成为了人们的一种生活习惯和学习习惯。在公共危机教育中引入微博、微信、微视频等多种教育方式，通过微博在线互动、微信语音互动功能、微视频在线演练等，使民众足不出户即可快速有效地学习公共危机教育知识，以此加强人们对公共危机教育知识的学习，调动人们参与公共危机教育的积极性，有利于提高学习的效率和效果。

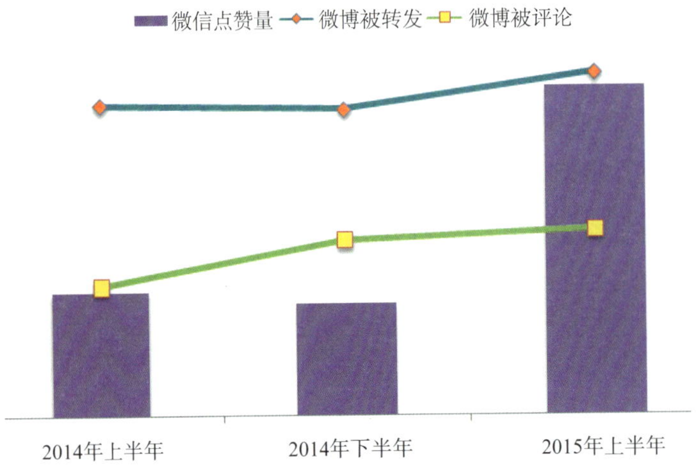

中央国家机关政务新媒体互动增长情况

目前，中国地震局正在努力适应信息技术和互联网的发展，提升自己的执政能力，打造好自己的官网、官方微博、官方微信。各个直属单位和省市地震局以及相当一部分的市、县地震局都不同程度地利用互联网进行信息发布和科普宣传。在地震行业官网上开辟了科普宣传的网页或专栏。微博开通比较普遍，微信也在积极探索。有些省局微博经常开展线上线下活动，与粉丝们开展互动；有些省局还开设了防震减灾科普的微信公众账号，建立了微信群。应该说，这些都是对“互联网+地震宣传”工作的有益探索和实践。

必须认识到，在信息时代，要想做好防震减灾宣传工作，无论是信息发布还是科普，只有具备创新的思维和战略，才能掌握事业发展的主动权。

提供内容丰富的地震信息社会服务

随着互联网信息技术的迅猛发展，地震信息服务已呈现出多样性的传播趋势。因此，只有更好地利用新媒体平台技术，充分发挥其与传统媒体的优势互补，在第一时间向社会公众传递第一手地震信息，既做地震信息的传递者，又做地震信息的解读者，才能满足社会公众对地震信息服务的迫切需求。

随着经济建设的快速发展和人民生活水平的不断提高，人民越来越重视地震安全。地震安全问题不仅是技术问题，也是社会问题。避免地震造成严重的人员伤亡和经济损失，重点在于防御。从历次地震灾害的经验和教训中得出，地震灾害防御做好了，可以有效减轻灾害损失。

做好地震灾害防御，应加强立法、监管，增强防震避震知识和应对地震灾害的能力，而防灾知识宣传和地震信息社会服务是不可缺少的途径。

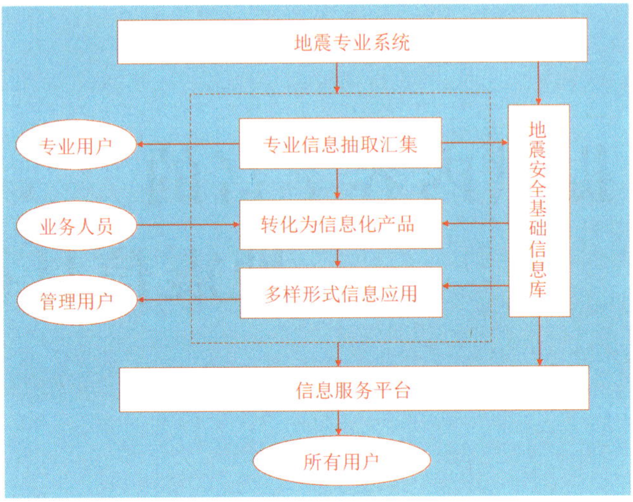

向全社会提供服务的地震信息服务平台

其实，公众不仅对地震监测预报信息服务有需求，对震害防御和地震应急救援信息服务同样有需求。

多年来，地震工作部门在地震观测、地震小区划、地震烈度（地震动参数）复核、地震安全性评价、震害预测和活断层探测与地震危险性评估工作中积累了大量的地震信息。这些信息不仅为地震预测、地震科研、地震工程、地震应急救灾服务，也可以为社会公众和经济建设服务，服务于城市和农村民居及公共基础设施的选址、设计和施工，

海南省农村民居地震安全技术服务信息网网页

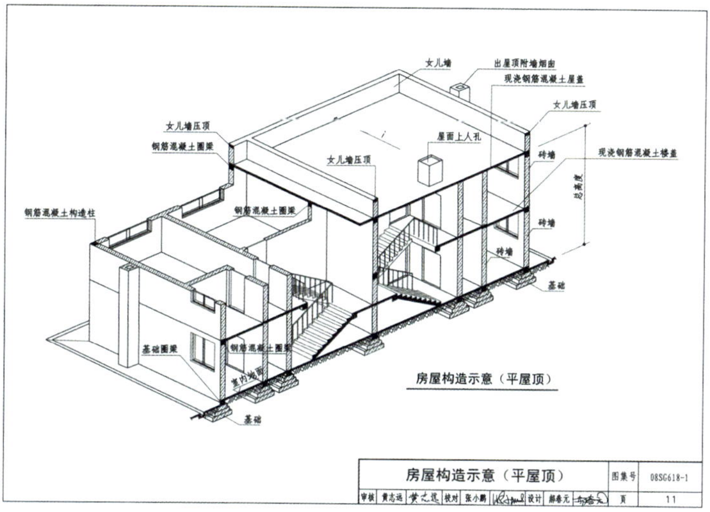

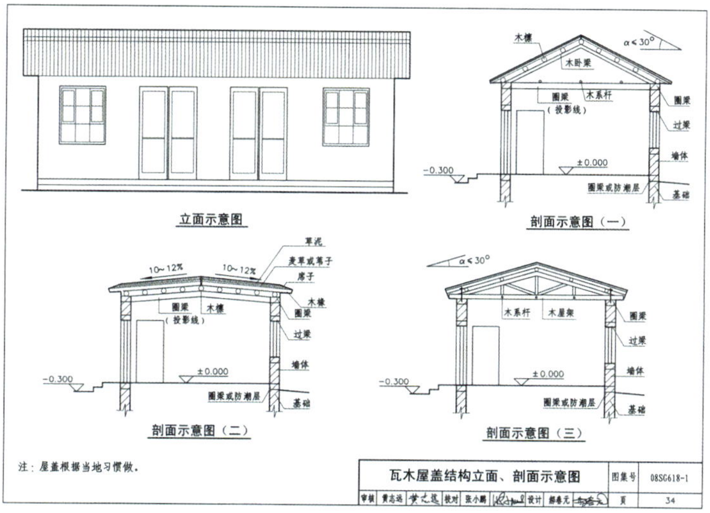

海南省农村民居地震安全技术服务信息网提供的技术图纸

指导公众防御地震灾害和应急自救。

出于对地震安全的考虑，公众可能会了解自己居所附近历史上有无发生过地震，地震破坏的影响有多大，潜在地震影响如何，有无地质灾害影响，房屋抗震性能怎样，附近有无救灾力量，距离最近的避震疏散场所有多远，等等。

要提供地震信息社会服务，需要在收集、整理地震目录、地震小区划、震害预测、活断层探测、地质灾害及地震应急数据、地震构造分布图、潜在地震地质灾害分布图、地震次生灾害分布图、避震疏散场地分布图等资料的基础上，对基础电子地图进行处理，制作一些专题图，建立数据库，可开发基于WebGIS的地震信息公众服务系统。

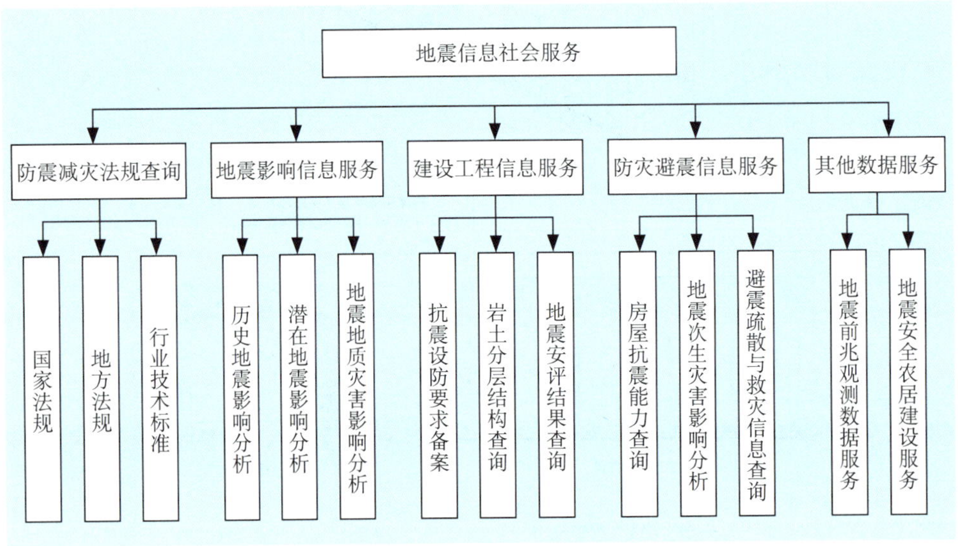

地震信息服务的主要内容

地震信息服务的主要内容包括防震减灾法规查询、地震影响信息服务、建设工程信息服务、防灾避震信息服务，等等。

地震信息社会服务需要大量的基础数据和专业数据。要做好地震信息社会服务，只有从基础工作抓起，不断积累信息资源。地震信息社会服务还需要其他部门的数据支撑，如大比例的地理数据、地质构造数据、地质灾害数据、地震次生灾害源数据、应急救援力量数据等。因此，要减轻地震灾害损失，提高地震安全，做好地震信息社会服务，需要全社会的共同努力。

基于网络的科学知识传播成为有效的科普手段

随着科学技术的迅猛发展，以庞大的信息数据库和信息高速公路等要素构成的互联网异军突起，并以惊人的发展速度进入千家万户，对社会发展起着重要的影响作用。作为传播的重要渠道，基于网络的科学知识传播，越来越成为一种有效的科学普及方式和手段，科普网站已经成为科学传播的中坚力量。

中国地震局图书馆网页

与传统科普设施相比，网络科普在信息数量、表现形式以及受众的参与性和交互性方面，均有较大突破。同时在多媒体技术的支持下，网络科普将视觉性、互动性和娱乐性结合在一起，在质量、内容等方面均取得了快速发展，对科学传播起到了重要作用。

2006年3月20日，国务院颁布了《全民科学素质行动计划纲要》，其中提出了“建成数字化科普信息资源库和共享交流平台，通过互联网为社会和公众提供资源支持和公共科普服务”，“发挥互联网等新型媒体的科技传播功能”，以及要发挥互联网等新型媒体的科技传播功能，培育、扶持若干对网民有较强吸引力的科普网站和虚拟博物馆、科技馆等。

随着Web2.0等互联网新技术在科普网站建设中的应用，互联网新技术使得科普网站在表现形式及功能上突出了交互性、开放性的特点，在线服务和互动性增强，专业化水平不断提高。手机上网、即时通信、博客、论坛、社

中国数字科技馆网页

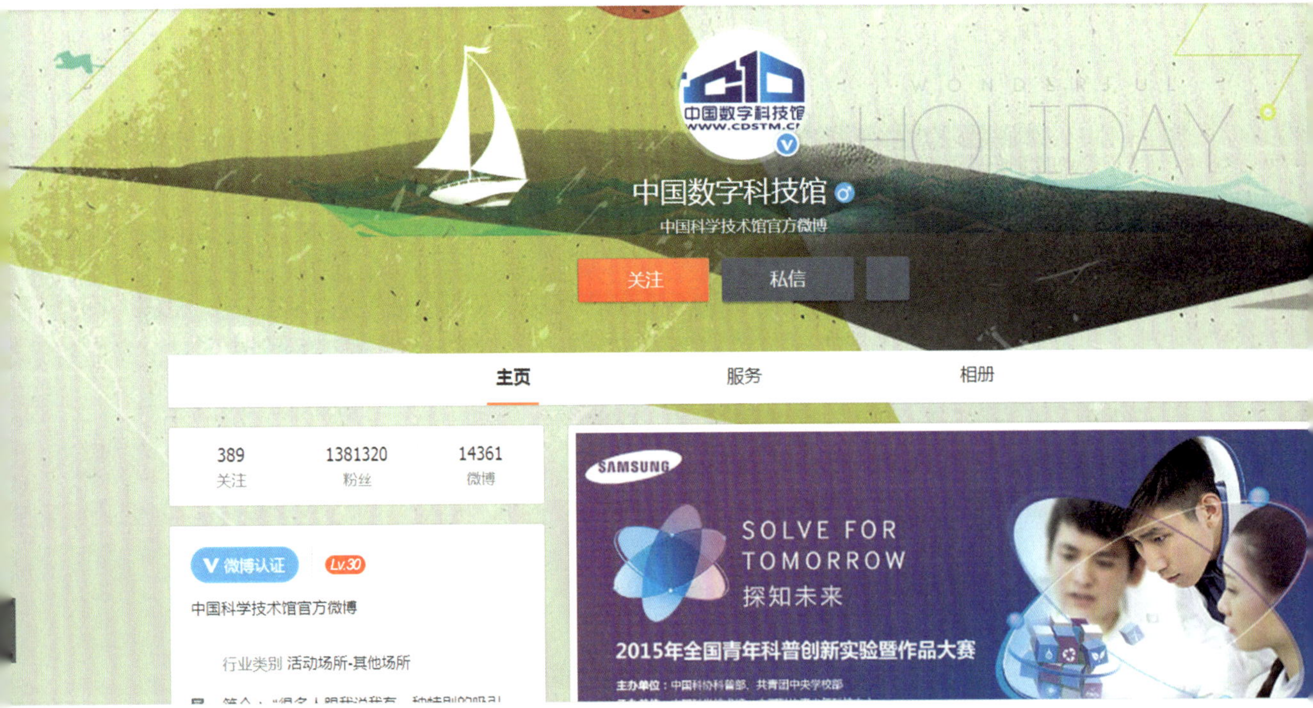

区、游戏、实验等表现形式提高了用户的参与意识，有利于公众就科学问题进行讨论和交流，提高了公众对网络科普的关注程度。

调查表明，截至2014年，全国28个省、自治区、直辖市的各类科技馆、科技类博物馆建设了77个科普网站（包括虚拟科技馆），占全国科普网站总数的4.83%，并且呈现发展迅速的趋势。有7.55%的科普网站建设了虚拟博物馆，打破科普场馆局限性，扩展了科普场馆的延伸空间，更大限度地拓展科普场馆的功能，较好地发挥各类科普场馆展示、教育和研究的功能，满足受众的多层次多方位需求。

目前，在我国科普网站中，除了中国数字科技馆，还涌现出以中国公众科技网、中国科普博览、化石网、北京科技之窗、苏州科技之窗、新浪科学探索、人民网科技频道、网易探索频道、科学松鼠会等为代表的一批特色科普网站，在我国科普网站的发展中起到了示范作用。

国家减灾网网页

十几年来，全国各类科普网站配合全国科技周、全国科普日、《全民科学素质行动计划纲要》，围绕天文、环境、航天、防震减灾、健康安全等公众关注的热点问题，通过发布信息，制作专题，提供科普图片、资料和视频，专家访谈，博客，建立互动交流平台等方式，向公众提供系统的科技知识，开展科技信息服务，激发了社会公众参与科普活动的积极性。

数字地震科普馆成为防灾宣传的重要渠道

随着我国的电脑普及和网民数量剧增，通过多媒体和网站进行地震科普知识宣传教育，实现受众最大化，是开展地震科普宣传工作的必由之路和努力方向。数字地震科普馆将成为传播地震科学知识的重要渠道。

所谓“数字地震科普馆”，就是以数字化技术为核心，网络技术为支撑，建立以各种数字化资源为核心的资源体系。目前，福建和内蒙古等地已建成省级数字地震科普馆。

福建省数字地震科普馆以实体地震科普展馆为基础，采用360度全景技术，建立了虚拟仿真展馆，通过热区引导，实现虚拟漫游，产生身入其境的感觉。馆内还融入影视厅、动漫游戏厅和图书厅，通过影片、互动游戏和图书阅览等不同的形式传播地震科普知识，满足民众对地震科普知识的需求。通过参观福建省数字地震科普馆，帮助公众正确认识地震及其灾害，对了解防震减灾基本知识、掌握防震避险技能有所裨益。

内蒙古数字地震科普馆，以展示全区各盟市防震减灾工作开展情况及所取得的成效、宣传地震科普知识和介绍地震观测技术为主要内容，以自治区防震减灾科普教育基地为实景。数字地震科普馆系统融入地震互动游戏，地震科普动画、视频及地震知识库等丰富的内容，以单机版和网络版两种传媒

福建省数字地震科普馆网页

形式为最终产品，奉献给社会和广大公众。单机版主要面向全区中小学发放，网络版则挂载在自治区地震局及各盟市地震局官方网站上。

传统的科普方式局限性较大，得以受教育的人群数量有限，而数字地震科普馆可以通过安装在学校电教室等有数字播放设备的场所，极大地方便了开展科普教育。此外，近年来网络科普以其信息量大、查询便捷、传播速度快的强大优势，正逐步成为科普工作的新形式和重要阵地。因此，数字地震科普馆适应了当前时代背景的要求，显现出数字地震科普的强大优势。

随着网络的进一步普及和相关网络技术的发展，数字化的地震科普教材在地震科普方面的重

内蒙古数字地震科普馆网页

要性还将进一步提高。这也要求我们需要充分利用数字化信息的特点，有针对性、有层次性地将各类地震知识的传播形式进行转换和诠释，满足不同人群的认知需求。因此，如何更好地构建数字地震科普馆，使地震科普工作焕发出蓬勃生机，便成为我们当前必须认真考虑的重点问题之一。

福建省数字地震科普馆网页

办好数字地震科普馆，必须注重地震科普作品的原创发掘。只有运用不同于传统科普，又优于传统科普的独特表现方式，才会为数字科普馆注入活力，使其表现出强大的生命力，从而满足社会公众日益增长的对科学知识的求知欲。提升数字地震科普馆传播内容的品位，就要开发地震学科中适合于数字化特点的科普多媒体原创作品。利用好数字化信息更新、传播快的特点，创作出适合人们口味的地震科普作品，可以极大地激发人们对科学知识的兴趣，达到事半功倍的效果。

随着计算机网络技术、数据处理技术的快速发展，云计算已经成为计算机软件开发和网络应用的主要趋势。地震科普馆云端化、移动化是科普宣传发展的必然方向，这将促进防震减灾科普宣传方式更加多样化、便捷化、亲民化。

将简单宣传提高到有趣宣传

我给我儿子编了一本书叫《皮皮鲁送你100条命》，书中大意说我给了你一条命，然后再送你一百条命。其中第27条是跟地震有关的。

——中国著名作家、慈善家、“童话大王” 郑渊洁

防震减灾科学普及是一种社会教育。作为社会教育，它既不同于学校教育，也不同于职业教育。其基本特点是，社会性、群众性和持续性。防震减灾科学普及的特点表明，科普工作必须运用社会化、群众化和经常化的科普方式，充分利用现代社会的多种流通渠道和信息传播媒体，不失时机地广泛渗透到各种社会活动之中，才能形成规模宏大、富有生机、社会化的大科普。

防震减灾科普受众群体中绝大部分为普通民众。如果传播内容过于专业化，抽象的科普知识不能形象表达，就会令人感到晦涩、难懂，阻碍普通公众对于防震减灾知识的理解，使防震减灾知识在人们的头脑中形成高高在上

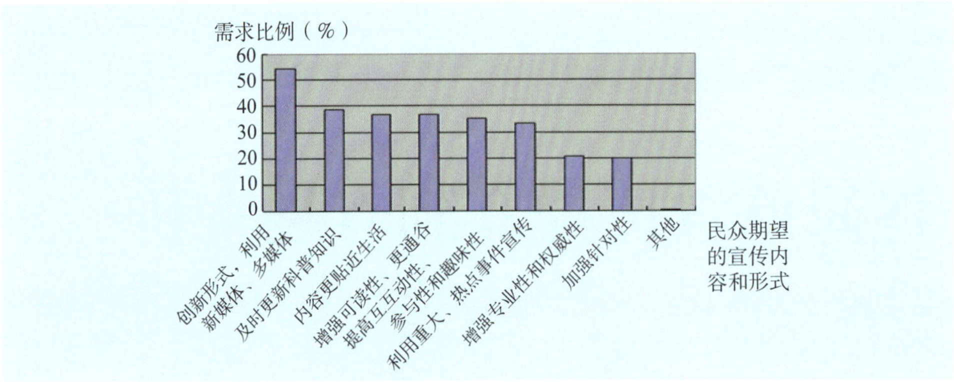

公众对防震减灾知识的需求调查结果

的感觉，大大降低人们接触防震减灾知识的热情。因此，防震减灾科普要充分考虑受众的需要，把防震减灾科普知识从简单宣传，提高到有趣宣传，才能收获良好的宣传效果。

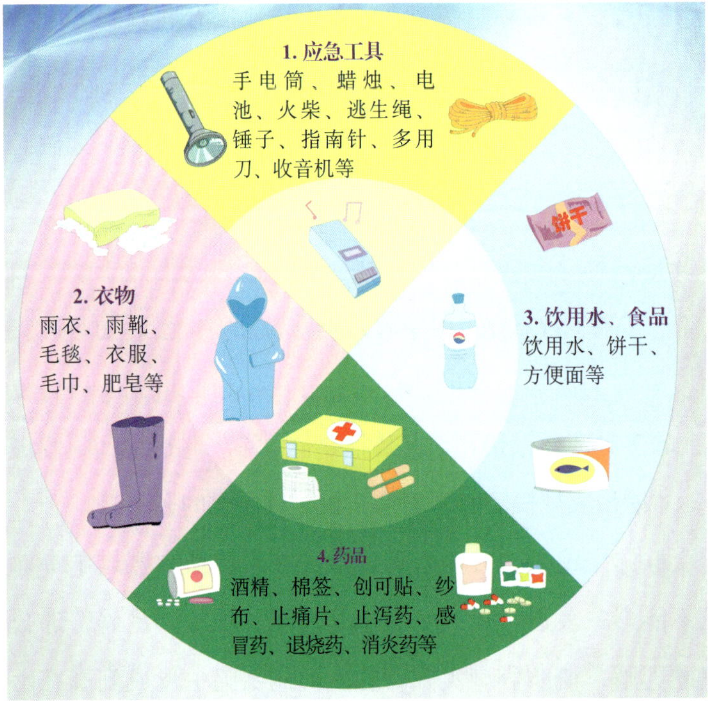

家庭必备的防震物品

出席“互联网+地震”论坛的嘉宾郑渊洁强调，在家庭教育中，家长在向孩子科普地震知识的时候，最关键的一点就是要生动有趣。

郑渊洁小时候经历过邢台地震，他和他的家人对地震危害的警惕性更高些。

从那次地震以后，母亲会在孩子们的枕边放一个哨，以便紧急意外情况下呼救。他家的卫生间里，也常年挂着一个包，里面有饼干、绷带、充好电的手机等物品，以备意外来临时之需。

郑渊洁认为，家长的这些做法，对孩子也是一种生命安全教育。除了教会孩子自救，也是向孩子传递珍爱生命的意识。

郑渊洁的作品影响了中国的几代人。他特别注重在童话作品当中对孩子们进行科普和防灾教育。比如说他有一本书叫《皮皮鲁送你100条命》，就是用童话的方式来告诉孩子，如果遇到了危险的环境，遇到危险的状况，该怎样自救，帮助自己捡回一条命。书中内容包括《警惕汽车》《严防祸从口出》《一生不抽烟》《抵御诱惑》《不踩井盖》等100条。其中第27条是跟地震有关的。应该说，这种有趣的宣传比刻板说教的效果要好很多。

“童话大王”郑渊洁的作品《皮皮鲁送你100条命》

为适应新媒体，制作网友喜欢的地震纪录片

“一个国家没有纪录片，就像一个家庭没有相册。”智利纪录片导演顾兹曼曾用这样的话语来阐述纪录片对刻画时代精神、保存群体记忆的功用。一直以来，纪录片都被认为是一种相对高端的文化产品，它承担着传播价值观念、提升人文精神的任务。但是，收视人群的局限，也一度成为纪录片传播的障碍，以致电视台在安排播放纪录片时都会格外谨慎。

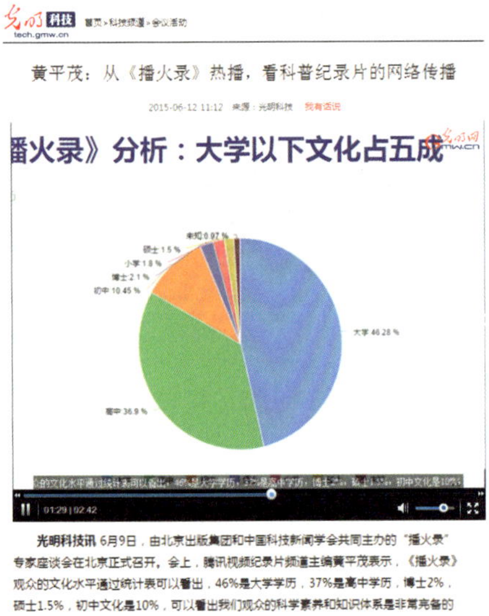

纪录片赢得了一定数量的观众

随着时代的发展和网络的迅猛普及，国内的媒体必须要面对新的变革和升级的挑战。这种变局已经开始越来越显著地影响媒介信息传播的内容和表现形态。新媒体正在进入大众日常的媒介生活，深刻地影响着传媒行业的格局，改变着传统媒介对受众信息的传播方式，视觉化呈现已经成为信息传播所必备的手段。

随着人们欣赏水平的提高，纪录片赢得了一定数量的观众，而国产纪

录片在很多方面还有很大的提升空间。要想拍好纪录片，就必须有好的素材和深刻的理解能力、诠释能力、创造能力。而找到适当的题材和专家群体，并不是一件容易的事情。如果有设备却不知拍什么，有想法却没有顾问指导，虽然硬件合格但软环境不过关，就很难取得实质性的突破。这实际上为防震减灾宣传工作提供了良好的契机。

防震减灾文化是一种长期的宣传主题，而各级地震部门作为国内该领域的唯一权威机构，拥有庞大的专家群体，实际上就是丰富的内容宝库，这正是电视媒体所缺乏的软环境。这为地震系统寻求与媒体的合作，在电视纪录片领域中谋求一块防震减灾文化宣传的阵地，提供了极大的可能。

国际大型电视台如英国的BBC，美国的国家地理频道、探索频道，日本的NHK电视台，以及各大商业电视台也都在不断与各种机构联合出品以防震抗震、记录灾难、反思灾难的各类纪录片。说明在拍摄防震减灾宣传片的时候，可以积极借鉴国外先进经验，寻求广泛的合作。

无论采取哪种形式的合作，防震减灾文化宣传，都必须走进大众媒体，才能真正地发挥作用。而在当今媒介环境中，以电视纪录片的形式走进大众媒体，是较为明智的选择。

sina新闻中心 综合

新闻 超人回来了

《大后方》成现象级纪录片 网络点击量突破5600万次

0 2015年12月08日02:02 重庆商报

原标题：《大后方》成现象级纪录片 网络点击量突破5600万次

商报记者 刘晓娜

重庆商报讯 11月28日，在第九届“纪录·中国”创优评析活动中，由市委宣传部、重庆广电集团等联合出品的大型抗战纪录片《大后方》从800多部作品中脱颖而出，获得抗战（文献）类作品一等奖。昨日，纪录片《大后方》研讨会在市委宣传部举行，《大后方》的拍摄团队与全市文艺界以及高校的专家面对面交流对这部纪录片的看法。

重庆广电集团（总台）副总裁黄翔介绍，《大后方》今年在中央电视台、重庆卫视、重庆科教频道的播出都收到了很好的收视效果。尤其是在台网联播中，网络播出效果也超出想象，截止目前，这部纪录片在网上的点击量已经超过5600万次，有超过2万条网友跟贴评论。可以说，《大后方》已经成了2015年现象级的纪录片作品。

专栏推荐

深圳坠亡城管局长的神奇一跳

但是我还是要严肃地说一句：城管局长就是死一百次，也换不回遇难者的生命。你城管局长死不死或许

陶舜

我爱看图

被艾滋侵蚀的城市

模特空乘推介会 青春气息浓烈

新媒体对公众的影响力大

当然，在与传统媒体合作的同时，也不可忽视了对以互联网为主题的新媒体的运用。网络新媒体的崛起，正在以其独有的方式，争夺着媒介领域的统治权。各类纪录片在网上的点击量也非常高。

一家自称“国内首家专注于提供免费、高清网络视频服务的大型视频网站”的纪录片频道，拥有各类题材的纪录片近万集，总时长约6000个小时。这充分展现了新媒体对民众的影响力和对纪录片的推广能力。

新媒体是一种完全市场化的运营形态，而新媒体对纪录片的重视，在一定程度上反映了社会需求。互联网加入纪录片内容的传输，会更加放大纪录片的社会效应和影响。

新媒体的介入不仅拓宽了纪录片的传播渠道，也让纪录片的制作格局发生了改变。纪录片的制作者必须更多地考虑网络传播的特点。新媒体传播的明显特点是观看时间的随意性，而这种随意性可能会使纪录片变得更加轻盈、体量更加短小、内容更加丰富。

新媒体在整个传媒变局中所使用的策略与内容传播的技巧和方式，对于防震减灾文化的传播，具有重要的指向作用。

不管选择与视频网站合作包装文化精品，树立防震减灾文化品牌，还是自主研发，寻求网络平台输出，防震减灾文化宣传都必须学会迎合新群体、新受众。与视频网站展开深度合作，学习视频网站内容设定的方法、信息传播的方式，为广大网友的需求提供响应内容。只有这样，才能真正获得良好的宣传效果。

【背景资料:《中华人民共和国防震减灾法》中关于宣传的规定】

第七条　各级人民政府应当组织开展防震减灾知识的宣传教育，增强公民的防震减灾意识，提高全社会的防震减灾能力。

第八条　任何单位和个人都有依法参加防震减灾活动的义务。

第十四条　编制防震减灾规划，应当对地震重点监视防御区的地震监测台网建设、震情跟踪、地震灾害预防措施、地震应急准备、防震减灾知识宣传教育等作出具体安排。

第四十四条　县级人民政府及其有关部门和乡、镇人民政府、城市街道办事处等基层组织，应当组织开展地震应急知识的宣传普及活动和必要的地震应急救援演练，提高公民在地震灾害中自救互救的能力。

机关、团体、企业、事业等单位，应当按照所在地人民政府的要求，结合各自实际情况，加强对本单位人员的地震应急知识宣传教育，开展地震应急救援演练。

学校应当进行地震应急知识教育，组织开展必要的地震应急救援演练，培养学生的安全意识和自救互救能力。

新闻媒体应当开展地震灾害预防和应急、自救互救知识的公益宣传。

国务院地震工作主管部门和县级以上地方人民政府负责管理地震工作的部门或者机构，应当指导、协助、督促有关单位做好防震减灾知识的宣传教育和地震应急救援演练等工作。

根据时代要求确定防震减灾宣传内容

在“互联网+”时代，要想做好防震减灾宣传工作，必须坚持正确的原则，把握科学的宣传内容。就我国目前的实际情况，防震减灾宣传应以防震减灾科普知识宣传教育为主，防震减灾工作宣传为辅，具体内容主要有以下几个方面。

（1）地震基础知识的宣传

主要宣传地震的基本常识，地震产生的原因，地震震级与烈度，地震时人的感觉与灾害，如何区别近震、远震、强震、有感地震，地震的空间、时间分布特征等。使群众知道地震是一种自然现象，认识和抗御地震灾害，要靠科学而不能靠迷信，地震科学是复杂的，但是是可知的。

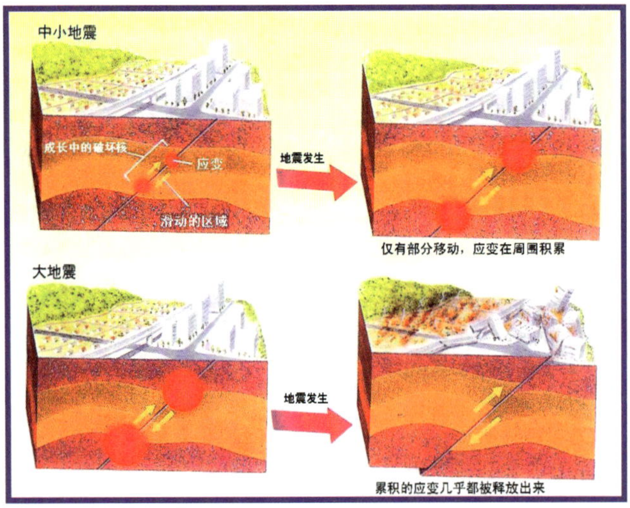

地震成因

（2）地震前兆及地震预报知识的宣传

主要宣传地震孕育、发生过程中伴生的各种地球物理和地球化学等前兆现象；这些前兆现象是可以观测、可以认识的，但也是十分复杂的，有干扰的；应用各种前兆研究可以探索地震预报，但目前尚未完全过关；地震预报意见、地震预报发布过程、发布权限等知识。使群众知道地震是有前兆的，是可以预测和预防的，但需要深入的研究。地震的一些宏观前兆人们可以直接感知，能够识别真假异常、发现异常情况及时报告给有关部门；爱护观测台站的仪器、设备和测量标志，配合与协助地震部门的工作。

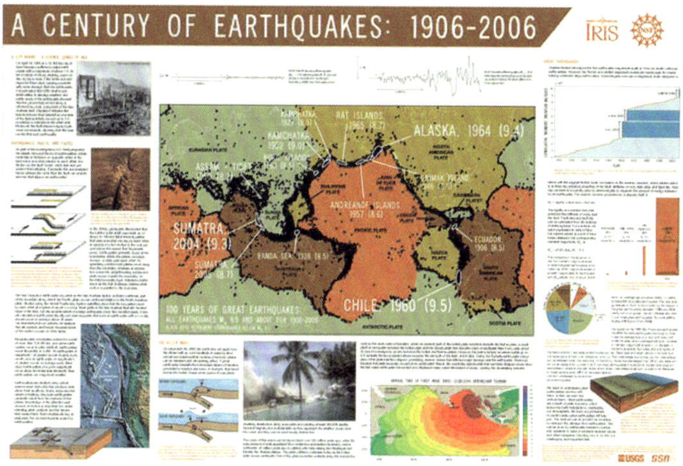

美国地震学联合研究会网站上的宣传内容

（3）地震工程知识的宣传

主要宣传地震对地基基础的破坏，建筑物结构的破坏以及各种抗震知识和工程建设场地地震安全性评价工作。如场地地基的选择，基础抗震处理，房屋抗震结构，建筑材料的选择，施工技术等，特别要注意对因地制宜、就地取材的抗震结构设计的宣传。

抗震设防宣传

（4）防震减灾对策知识的宣传

宣传近年来发生的大震及有影响的地震前后所采取的措施和经验，使社会各界民众都能掌握震前的预防和准备、震时应急防震和避震、震后的抢险和救灾，生活管理、社会治安、恢复生产、重建家园等方面行之有效的措施。使人们知道，在强灾面前，我们不是束手无策，而是可以动员社会力量和群众的智慧，应用现代科学技术进行各种应对，使震灾得以避免或减轻。

按照我国防震减灾工作实践和现阶段防震减灾科普知识宣传特点，习惯上把防震减灾科普宣传分为平时、临震和震后三个宣传阶段。三个阶段的宣传内容、任务和方法各有侧重，相对独立，又互相紧密联系，构成整个防震减灾科普宣传的有机整体。不管是在哪个阶段，进行什么内容的宣传，都要充分依靠互联网的巨大资源和强大力量。

灵活运用新媒体 防止和应对地震谣传

在网络刚开始走向普通家庭的2001年，云南就出现了关于地震的谣言；随后，“新版本”的地震谣言更是层出不穷。比如，2012年初昆明各QQ群曾疯传这样的消息：“宜良、呈贡、官渡三地交界将有6~7级地震。”社会上被闹得人心惶惶。

当然，在网络上传播关于地震的谣言，几乎在世界各地，尤其是地震多发的国家和地区，都曾经出现过——将来仍难免会出现。比如，2011年3月11日东日本9.0级大地震发生后，网络上就迅速出现了关于地震及福岛核事故的多种谣言。

像美国科技那么发达的国家，也难免要受网络地震谣言的困扰。一名荷兰男子在Youtube上发布一条消息：由于行星调整轨迹，美国西海岸将于27日下午4时发生8.8级大地震，并呼吁加州的相关政府部门做好救灾准备。因为过去10天在北加州地区发生了多次4级以下地震，这个时候爆出加州地震的预言，不能不引起人们的关注；况且，据说此前这名荷兰男子曾成功地提前2天在脸书上预言尼泊尔地震。福斯电视台对“地震预言”进行了报道。这条消息很快在脸书、微信及微博上疯传，有些职员不上班，有些家长也决定不送孩子上学，很多百姓“做好了逃生准备”，大家战战兢兢地等到下午4

点，什么都没发生，折腾了半天，只是一场虚惊。

随着时代的发展，网络地震谣言频频出现是有诸多原因的。地震预报的不确定性，为地震谣言的产生提供了温床；地震灾难的可怕性，为谣言的传播提供了动力；民众科普知识的欠缺，为谣言的传播提供了机会；相关部门应对和回应得不及时、不得体，为谣言的持续发酵提供了空间；互联网，为谣言的迅速传播提供了可能。而网络地震谣言因为传播迅猛而危害极大。因此，在“互联网+”时代，防震减灾工作面临的最大挑战之一，就是如何应对地震谣传事件。因为一旦谣言盛传，可能会给社会造成极大的危害。

山西市民误信谣言彻夜等地震

2008年汶川特大地震后，正在北川重灾区救援的队员们，突然得到河流上游地震堰塞湖决堤的消息，不得不放下正在实施的紧急搜救任务撤离，使原本灾难深重的北川重灾区雪上加霜。其实，这是一个没有任何依据的虚假消息。

2010年初，地震谣传事件在山西多地市重演。原因是汶川地震后西部地区多次发生中强地震，而在1月下旬至2月上旬，在山西发生几次有感地震时，地震部门回复公众咨询时称：“本地区不会发生破坏性地震。”之后不久，恰逢当地再次发生有感地震，引发了公众对震情的高度关注。2月20日，先是晋中市地震局陆续收到有关震情咨询电话，当晚23时许，外出避震人员逐渐增多；随后“将发生大地震”的信息迅速通过手机短信、电话、网络向周边区域蔓延。21日凌晨2时30分，太原市部分县区群众外出避震，21日凌晨3时左右，吕梁、阳泉、长治等市也相继有群众外出避震……不到48小时，山西6市、几十个县区群众涌上街头避震，最终演化为一起严重的社会公众恐震事件。

地震谣传事件发生后，谣言的内核形成的可能性会增大。地震灾害之后的人们易产生特殊的心理需求，通常会迫切期望获得能够对未来做出解释的信息。如果在这种情况下，权威信息模糊或缺乏，就可能为谣言的“内核”提供滋生的土壤。当谣言“内核”产生后，会经过补充、修改、扩散等过程，最终形成具有巨大影响力的谣言。因此，政府相关部门必须尽快采取积极措施，通过多种渠道辟谣。

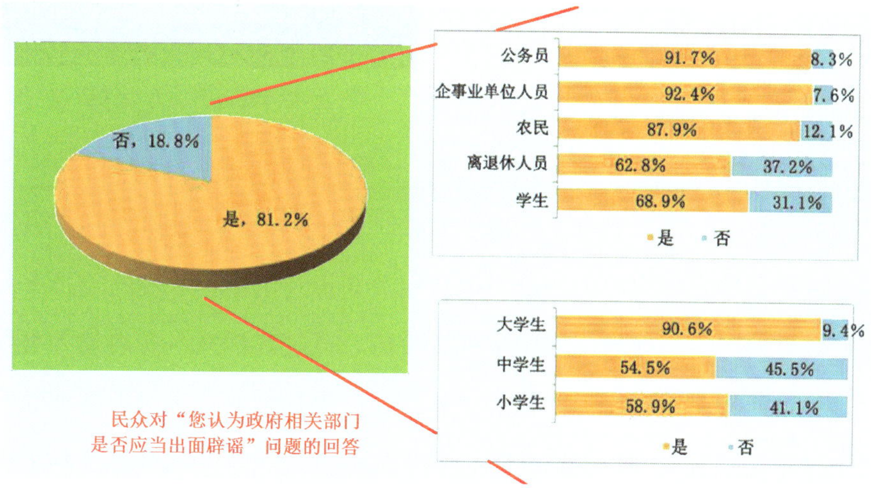

公众对政府部门辟谣的态度

汶川地震发生后，由于政府在全力救灾的同时，坚持快速持续地发布权威信息，互联网也得以迅速对权威信息加以采用，从而与传统媒体互相配合，遥相呼应，使得谣言难以有足够的时间滋生与扩散；同时，政府全力高效的救灾行动与快速、透明的信息发布也赢得人民的理解与信任，广大网民在互联网中与政府坚定地站在同一条战线上，齐心协力抗震救灾，使互联网在地震之后很快成为了有效遏止谣言的舆论场。

从不同时期地震谣传相关危机事件的根源可以看出，地震相关危机事件的发生，一方面与当时国内外地震灾害形势有关，另一方面也与当地和周边地震活动以及地震相关工作等密不可分。俗话说：“防止杂草的最好方法是种庄稼。”让防震减灾科学知识、有关地震的客观信息和正确的舆论强势占领互联网的各种空间，谣言自然就少了滋生的土壤。因此，为了预防并有效应对地震谣传，快速传播正面信息并正确引导舆论是关键。及时、有效、快速地发布并传播正面、真实的信息，满足公众对相关信息的需求，准确把握舆论导向，才能掌握主动，化解危机。

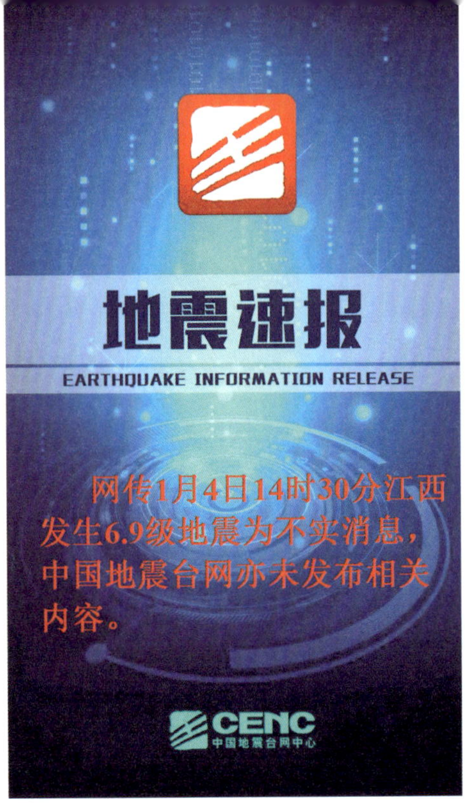

国家地震台网官方微博辟谣

此外，要充分运用新媒体，用好地震科普知识宣传这个好帮手。纵观诸多地震谣传事件，均与社会公众对地震相关知识及法律、法规的普及率、知晓率低有直接关系。当地震谣传事件发生后，通过包括网络在内的各类媒体高强度地广泛开展地震科普知识的宣传，让广大社会公众快速了解地震灾害相关的基本知识及其相关法律法规，科学认识地震灾害并积极参与到地震灾害防御工作中，这是防震减灾融合式发展的必由之路，也是防止和应对地震谣传事件的有效手段。

建设完备的信息资料库，更有效地进行地震宣传

地震科普资料库是开展地震宣传工作的基础，是地震部门进行科普宣传教育工作的基石。在“互联网+”时代，各种资讯和资料都异常丰富，地震科普信息资源的采集、加工、存储和开发利用显得尤为重要。

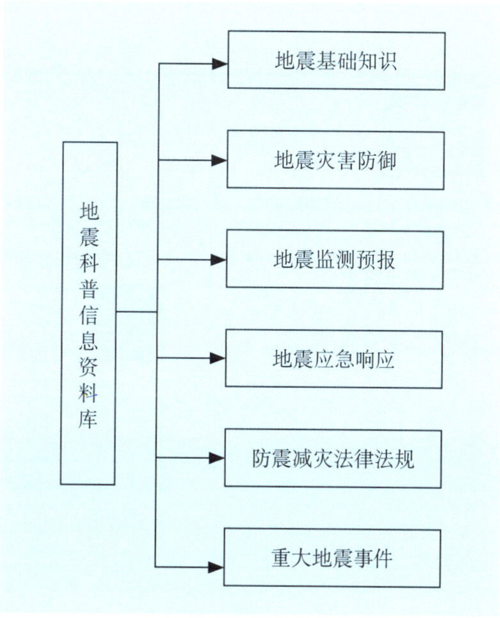

地震信息资料库结构图

目前，国内地震科普类信息存储较分散，缺乏有效的整合和管理。构建地震科普信息资料库，就是将零散的科普信息，有效地整理、归纳、汇总，成为地震部门的基础数据库，实现地震科普信息的统一管理和资源共享。

构建地震科普信息资料库，首先应做到全面、系统、准确，并至少具备以下功能：

——实现对地震科普、防震避震、自救互救、应急救援方面信息的统一管理，方便查找。

——可根据政策、法规及社会发展的需求，定期更新数据库，保证其时效性。

——对地震科普信息资料进行科学分类、合理存储，方便公众及时、全面了解地震学科的现状及发展前景。

——通过地震科普信息资料库，为防震减灾科普宣传提供科学、准确的信息。

——公众通过地震科普信息资料库，了解学习地震科普知识，不断增强防震意识，提高应急避险和自救互救能力。

美国地震学研究联合会（IRIS）网页

对地震科普信息要进行调查、收集、整理、分类、汇总，建立科普信息资料库，方便信息资源的统一管理与维护。在此基础上，可将信息资源库与地震科普宣传教育相结合，更加科学、有效地进行地震科普知识的宣传工作，提高公众防御地震灾害的能力和自觉性。

第六章

互联网+地震信息共享：发掘大数据，活用物联网

几十年来，地震系统的科学工作者在实践中已经积累和正在积累大量的地震、地质、地理、环境、断裂、灾害、监测、安评、小区划、应急、抢险等方面的数据资料。充分利用“云技术”等现代信息手段，深入发掘和充分利用这些大数据，对于开展防震减灾规划、地震监测预报研究、震害评估、应急救援、震害防御、科普宣传、社会服务等方面的工作，具有非常现实的意义。对于地震工作者来说，面对庞大的与地震相关或不相关的繁杂的海量资料，要想快速、准确地筛选出与防震减灾工作相关的有价值的信息，一定要研发出科学、有效的数据处理模式和管理应用系统。

互联网 地震

这些年，中国地震局一直坚持推进防震减灾信息化工作。防震减灾工作在社会上呈现出三大变化，一是社会化参与程度越来越高，尤其是移动互联网迅猛发展，为防震减灾工作带来了新的发展机遇；二是党委、政府的支持力度越来越大；三是在经济社会发展中的作用越来越重要。未来，地震部门将以更加清晰的工作思路、更加开放的理念、更加统一的思想不断加强和拓展防震减灾公共服务工作。

——中国地震台网中心主任　潘怀文

数字地球，使我们能够更有效地管理地球

美丽的地球

当人们通过卫星、飞机、气球、地面测绘、地球化学或地球物理等观测手段获得地球的大量数据，利用计算机把它们和与此相关的其他数据及其应用模型结合起来，在计算机网络系统里把真实的地球重现出来，形成一个巨系统时，你一定会为这样的系统所带来的巨大作用所鼓舞。因为它提供的数据和信息让人类终于能够更好、更有效地管理地球，甚至人类本身。这样一个数字形式的关于地球的巨系统，我们可以称之为“数字地球”。数字地球核心思想有两点：一是用数字化手段统一性处理地球问题；二是最大限度地利用信息资源。

数字地球是我们星球的虚拟表示，它包含了人类社会在内的所有系统和各种生命形式，并以多维、多尺度、多时相、多层面的信息设施表现出来。

构筑数字地球

数字地球的外观是一个基于计算机的地球，具有交互式功能，是我们对真实地球认识的虚拟对照体，及对真实地球及其相关现象统一性的数字化重现与认识。构筑数字地球，对于提高人们的生活质量，促进科学技术的进步，实现经济与社会的可持续发展，有十分重要的意义。

在数字地球中可以集成海量信息

数字地球的实现基于人类已经或将要拥有的强有力新技术，数字地球及其相关技术非常庞杂，其主要技术可以简单地用一个公式加以概括：

数字地球＝全球网络＋数字化＋虚拟现实。

数字地球是一个多分辨率的、三维的虚拟地球，在数字地球中可以集成海量的地理空间数据及其相关的社会、经济、人文等数据，使人类得以充分利用现存空间信息成为可能。而数字世界是指我们生存环境的计算机化和数字化，即“比特世界”，是日常生活的数字化，是当今和未来信息化时代我们无法逃避的对我们生活方式引起巨大变化的新的人类生存世界，是人类生存的未来世界，一种如何把握人类在未来世界中存在方式的新思维。

数字地球即信息化地球，是一个地球信息模型。要求它能够大量地获得、存储、处理和显示关于我们赖以生存的地球的各种环境和文化现象信息。计算机技术和通信技术的发展，使这种要求成为可能。如此大量的信息

信息化的地球

构成了“具有地理坐标系的地理空间信息”，它涉及地球表面每一个特定的地方。

数字地球系统将改变人类社会的生产和生活方式。例如，数字农业（也叫信息农业）、数字海洋捕捞、数字交通、数字旅游等；数字经济包括：电子商务、电子金融（银行、保险、股票及期货和海关、税务）等；数字社会包括：电子政务、电子公安、电子法院等；此外，还有数字区域、数字城市等，这些都将会大大促使产业的生产规模扩大，推动社会经济的发展。由数字地球技术系统产生的影响，将渗透到人类生活的方方面面。

信息化的地球，不仅是国家信息化的重要组成部分，而且为地球科学开创了前所未有的科学实验条件，为地球科学的知识创新和理论研究提供了科学实验基地。数字地球技术系统将使“全球信息聚集在我手掌中”的科学幻想成为现实。

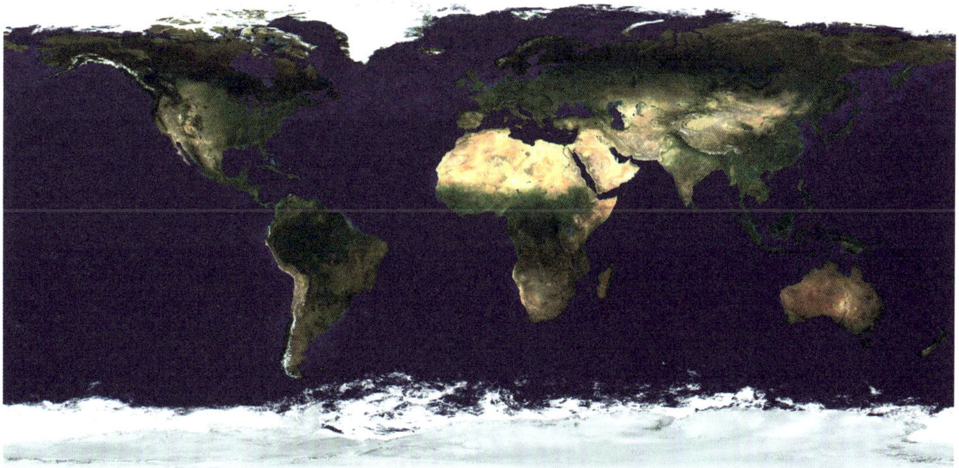

数字地球开辟新天地

数字地球的数据库不仅包括全球性的中、小比例尺的空间数据，还包括局部范围的大比例尺的空间数据以及元数据；不仅包括地球的各类多光谱、多时相、高分辨率的遥感卫星影像、航空影像、不同比例尺的专题图，还包括相应的以文本形式表现的有关可持续发展、农业、资源、环境、灾害、人口、全球变化、气候、生物、地理、生态系统、大气、水文、教育、人文和军事等不同类别的数据。这些数据正是目前正在建设中的国家空间数据基础设施（NSDI）和全球空间数据基础设施（GSDI）。

数字地球将需要存贮1015字节的（Quadrillions）信息。1米分辨率影像覆盖广东省，大约有1TB的数据，而广东才是中国的1/53，所以要建立起中国的数字地球，仅仅影像数据就有53TB。这还只是一个时刻的，多时相的动态数据其容量就更大了。

数字地球将需要存贮大量的信息

为了在海量数据中迅速找到需要的数据，元数据库的建设是非常必要的，它是关于数据的数据。通过它可以了解有关数据的名称、位置、属性等信息，从而大大减少用户寻找所需数据的时间。

利用数据挖掘（Data Mining）技术，我们将能够更好地认识和分析所观测到的海量数据，从中找出规律和知识。科学计算，将使我们突破实验和理论科学的限制；建模和模拟，可以使我们更加深入地探索所搜集到的有关我们星球的数据。

数字地球为灾害的研究和预测提供新依据

数字地球战略的实施和实现，对于防灾减灾能力的提高具有多方面的重要作用。

数字地球可以为我们提供一个内容丰富的地球表面自然与社会经济状况的数据平台，以及对地球表面系统物理、化学、生物和社会运动分析、模拟的技术体系。这个数据平台和技术体系，可以使我们有能力在计算机环境中尽可能真实地虚拟灾害的发生、发展过程，以及自然灾变现象和人类社会的相互作用规律，使我们能够更好地认知灾害系统的一些本质规律（如地震灾害的成灾机理等），从而为灾害的研究和预测预报提供依据。

地球表面的丰富信息

包括地震灾害在内的自然灾害的灾情评估，是一个公认的难题。除了灾害系统本身的复杂性以外，缺乏准确的基础数据和有效的技术手段，也是重要原因。数字地球为我们提供了灾区大量的定位、定量的自然环境和社会经济基础背景数据。利用地理信息系统和计算机模拟技术，通过对灾害发生时获得的遥感和地面监测数据，以及各种基础背景数据，进行综合分析，就可以对灾害造成的损失、灾害发展的态势以及灾害对生态环境和社会发展造成的影响进行评估。

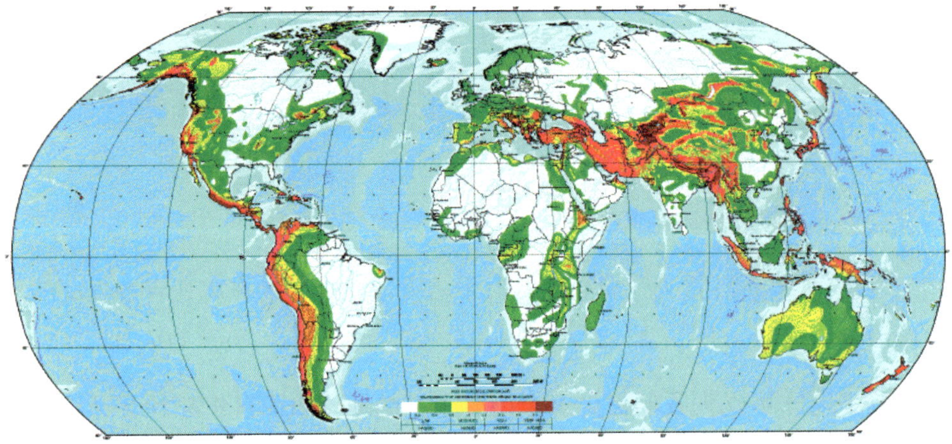

全球地震灾害图

当灾害发生时，抗灾抢险和紧急救援是最重要的任务。利用数字地球为我们提供的数据平台和技术系统，可以帮助灾害管理部门的决策者，迅速获知险情发生的地点和程度，制定科学合理的抢险措施和人员物资撤离方案，最大可能地避免人员伤亡和社会财富的损失。

在灾害事件结束以后，数字地球又可以帮助我们针对灾区的区域自然环境特点和社会经济发展状况，制定和实施科学合理的灾后重建方案，以及长远的减灾规划，实现区域可持续发展。

世界各国都在全速迈向大数据时代

新一轮信息技术革命与人类经济社会活动的交汇融合，引发了数据爆炸式增长，大数据的概念应运而生。近年来，几乎世界各国都在进行顶层设计，显示出了对大数据的特别重视和关注。

迈向大数据时代

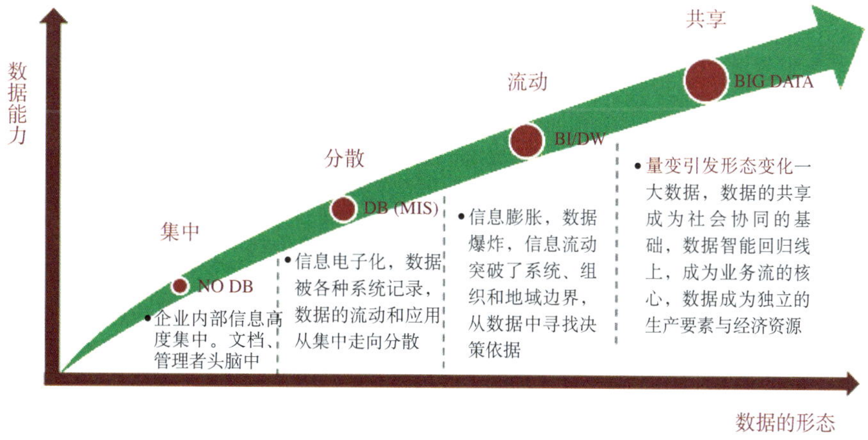

随着信息技术发展数据形态和作用的变化

美国把大数据视为强化美国竞争力的关键因素之一，把大数据研究和生产计划提高到国家战略层面，并大力发展相关信息网络安全项目。

脸书位于沃思堡市的新数据中心

2009年，美国政府推出Data.gov，这是为增加政府资料透明度而设立的一系列网站。

2012年3月29日，美国白宫科技政策办公室发布《大数据研究和发展计划》，成立“大数据高级指导小组”。该计划旨在通过对海量和复杂的数字资料进行收集、整理，以增强联邦政府收集海量数据、分析萃取信息的能力，提升对社会经济发展的预测能力。

2013年11月，美国信息技术与创新基金会发布了《支持数据驱动型创新的技术与政策》的报告。报告指出，“数据驱动型创新”是一个崭新的命题，其中最主要的包括“大数据”“开放数据”“数据科学”和“云计算”。

2014年5月美国发布《大数据：把握机遇，守护价值》白皮书，对美国大数据应用与管理的现状、政策框架和改进建议进行了集中阐述。

从2011年开始，英国不断对大数据领域进行持续的专项资金投入。

2011年，英国商业、创新和技能部宣布，将注资6亿英镑发展8类高新技术，其中1.89亿英镑用来发展大数据技术。

2013年8月12日，英

国政府发布《英国农业技术战略》。该战略指出，英国今后对农业技术的投资将集中在大数据上，目标是将英国的农业科技商业化。

2014年，英国政府投入7300万英镑进行大数据技术的开发。包括：在55个政府数据分析项目中展开大数据技术的应用，以高等学府为依托投资兴办大数据研究中心，积极带动牛津大学、伦敦大学等著名高校开设以大数据为核心业务的专业等。

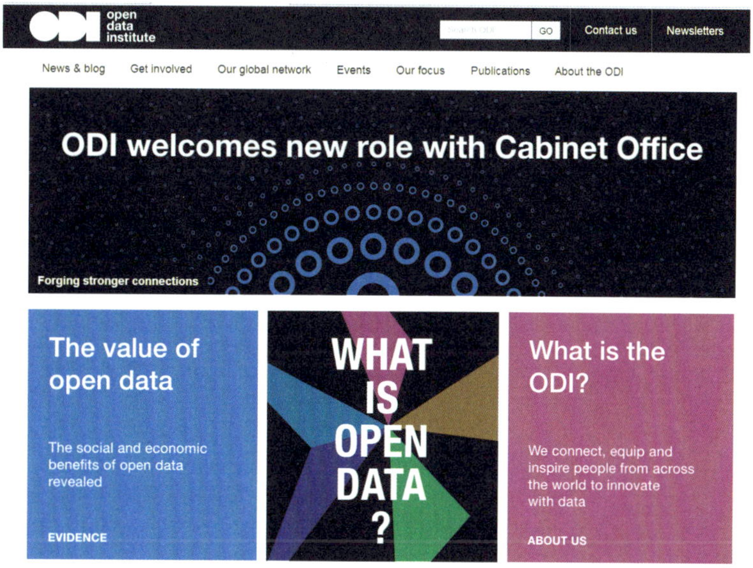

英国开放式数据研究所ODI

2012年5月，英国支持建立了世界上首个开放式数据研究所ODI（The Open Data Institute）。ODI将把人们感兴趣的所有数据融会贯通在一起，每个行业的各个领域一面产生各种数据，一面又可以利用这些数据。

英国政府建立了有“英国数据银行”之称的data.gov.uk网站，通过这个公开平台发布政府的公开政务信息。

2011年7月，法国启动“Open Data Proxima Mobile”项目，挖掘公共数据价值。该项目希望通过实现公共数据在移动终端上的使用，从而最大限度

地挖掘它们的应用价值。项目内容涉及交通、文化、旅游和环境等领域。

2011年12月，法国政府推出的公开信息线上共享平台data.gouv.fr，便于公民自由查询和下载公共数据。

2013年2月，法国政府发布《数字化路线图》，明确了大数据是未来要大力支持的战略性高新技术。

2013年4月，投入专项资金推动大数据技术发展。

2012年6月，日本IT战略本部发布电子政务开放数据战略草案，迈出了政府数据公开的关键性一步。

2012年7月，日本推出《面向2020年的ICT综合战略》，提出“活跃在ICT领域的日本”的目标，重点关注大数据应用。

2013年6月，日本公布了新IT战略——“创建最尖端IT国家宣言”。宣言阐述了2013～2020年期间以发展开放公共数据和大数据为核心的日本新IT国家战略，提出要把日本建设成为一个具有“世界最高水准的广泛运用信息产业技术的社会”。

日本公布了新IT战略

我国大数据发展处于初级阶段，大数据发展远没有形成产业化。为争夺新一轮技术革命制高点，自2010年始，中国政府加速出台多项政策，鼓励对云计算和大数据的应用。

2010年10月，国务院发布《国务院关于加快培育和发展战略性新兴产业的决定》，将云计算列为战略性新兴产业之一。

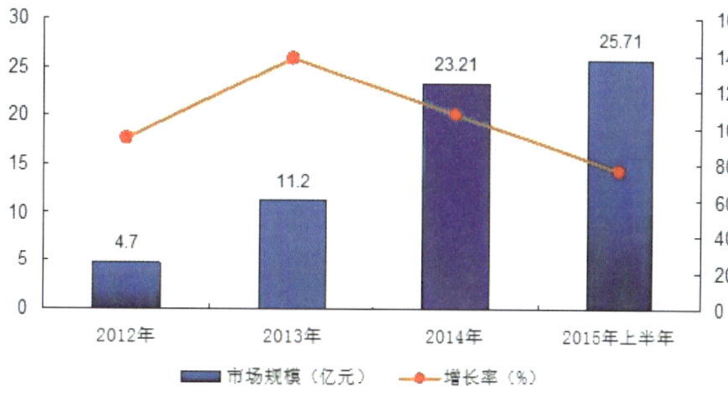

2012～2015年上半年我国大数据行业市场规模

2012年，中国政府批复了《“十二五”国家政务信息化建设工程规划》，总投资额估计在几百亿，专门有人口、法人、空间、宏观经济和文化等五大资源库的五大建设工程。标志着我国开放、共享和智能的大数据时代已经来临。

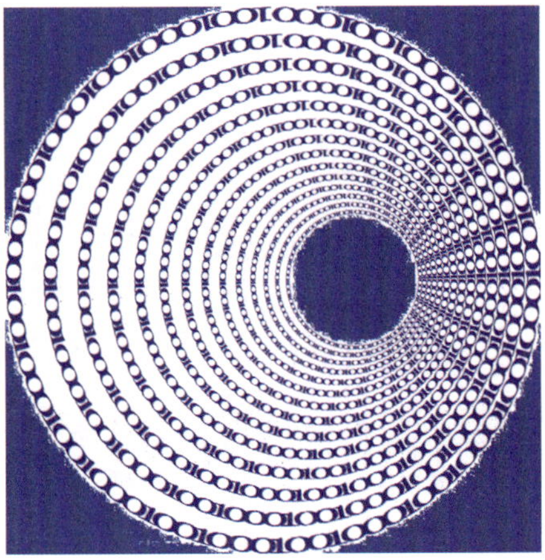

自2014年3月，中国政府首次将“大数据”写入《政府工作报告》。表明其作为一种新兴产业，将得到国家层面的大力支持。

2015年7月4日，《国务院关于积极推进“互联网+”行动的指导意见》发布，主要围绕“互联网+”进行讲述如何把互联网的创新成果与经济社会各领域深度融合，进一步促进社会发展。

2015年8月19日，国务院总理李克强主持召开国务院常务会议，通过《关于促进大数据发展的行动纲要》。9月5日，《国务院关于印发促进大数据发展行动纲要的通知》发布。这是到目前为止我国促进大数据发展的第一份权威性、系统性文件，从国家大数据发展战略全局的高度，提出了我国大数据发展的顶层设计，是指导我国未来大数据发展的纲领性文件。彰显了我国信息化发展的核心已从前期分散化的网络和应用系统建设，回归和聚焦到充分发挥数据资源的核心价值，从而提升国家信息化发展的质量和水平。因此，大数据已成为国家信息化深化发展的核心主题，发展大数据已成为构建数据强国、推动大数据治国的必然选择。

经过深入挖掘和加工的大数据才能实现增值

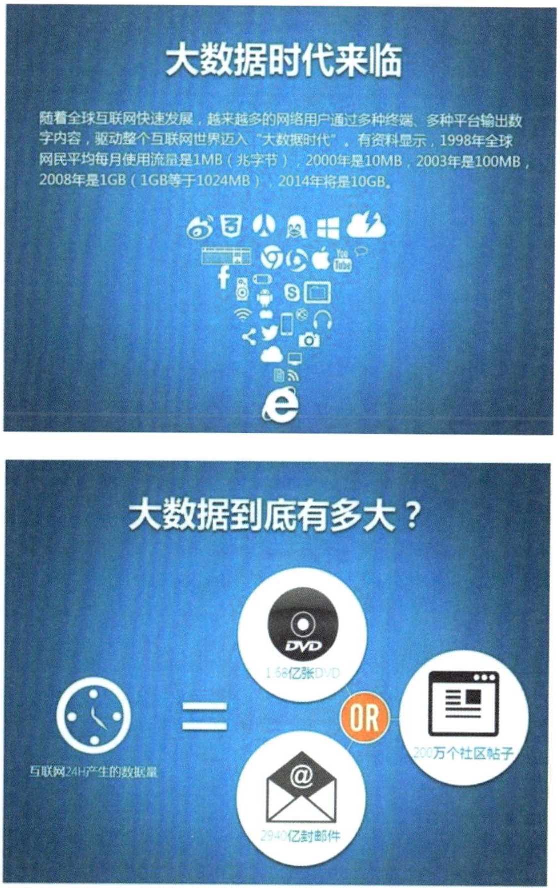

我们已经步入大数据时代

随着全球范围内个人电脑、智能手机等设备的普及和新兴市场内不断增长的互联网访问量，以及监控摄像机或智能电表等设备产生的数据爆增，使数字宇宙的规模在2012～2013两年间翻了一番，达到惊人的2.8ZB。有关机构预计，到2020年，数字宇宙规模将超出预期，达到40ZB。也就是说到2020年，数字宇宙将每两年翻一番；到2020年，人均数据量将达5247GB。

有调查显示，尽管个人和机器每天产生大量数据，使数字宇宙前所未有地不断膨胀，但仅有0.4%的全球数据得到了分析。因此，要想真正用好大数据，我们还有很多具体工作要做，还有很多技术难点要克服。

“大数据”概念最早由维克托·迈尔·舍恩伯格和肯尼斯·库克耶在编写《大数据时代》中提出，指不用随机分析法（抽样调查）的捷径，而是采用所有数据进行分析处理。有关学者给“大数据”（Big Data）下的定义是，需要新处理模式才能具有更强的决策力、洞察力和流程优化能力的海量、高增长率和多样化的信息资产。

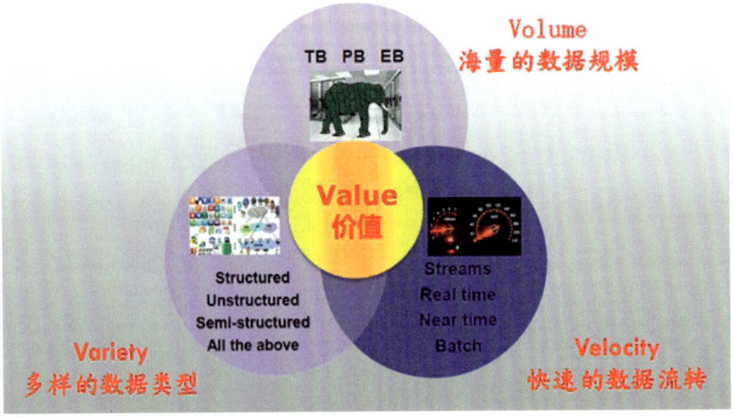

大数据有四个层面的特点（4个“V”）：一是数据体量巨大（Volume），二是数据类型繁多（Variety），三是处理速度快（Velocity），三是价值密度低（Value）。只有合理利用数据并对其进行正确、准确的分析，才能带来较高的价值回报。

近年来，大数据展示了一定的威力，联合国曾尝试通过抓住“实时数据带给贫穷国家经济危机的影响”来应对全球金融危机；人们还研究了对如何利用手机和社交网站的数据源来分析预测从螺旋价格到疾病爆发之类的问题；洛杉矶警察局和加利福尼亚大学合作利用大数据预测犯罪的发生；谷歌

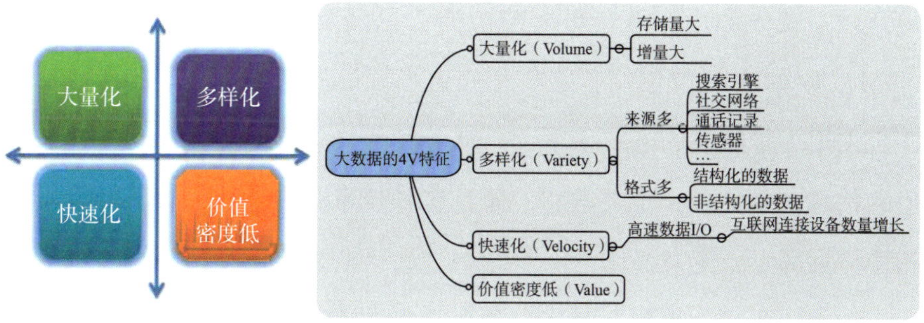

利用搜索关键词预测禽流感的散布；统计学家内特·西尔弗利用大数据预测2012美国选举结果。

然而，不可忽视的是，伴随“大数据”而来的垃圾信息泛滥，不但占用了宝贵的网络资源，而且给人们的生活、工作带来了无尽的烦恼。美国中央情报局局长戴维·彼得雷乌斯将军在发帖讨论阿拉伯之春机构通过云计算收集和分析全球社会媒体信息之事时，不禁惊叹：我们已经被自卸卡车倒进了“数字尘土”中。

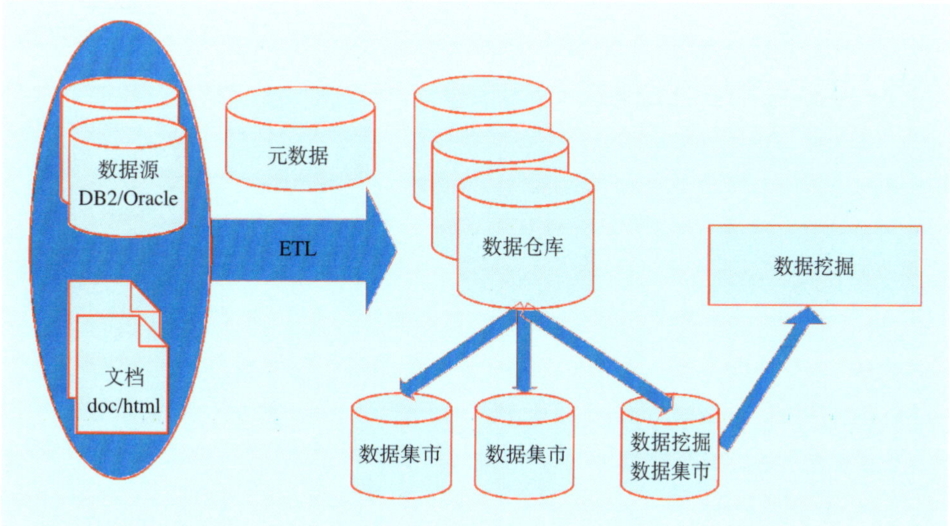

通过数据挖掘筛选出有用的信息

音频、视频和图像等资料所蕴含的信息需要新的方法来发现；电子邮件、IM、Tweet和社交网络等合作和交流系统以非结构化文本的形式保存数据，必须用一种智能的方式来解读。从各种各样类型的数据中，快速获得有价值的信息，是需要一定技术的，而且这种技术相当复杂，计算涉及的数据量和计算量都十分庞大。

成功地融入“大数据”时代，不在于掌握庞大的数据信息，而在于剔除垃圾信息，筛选出有用的数据，并对这些含有意义的数据进行专业化处理。也就是说，只有提高对数据的“挖掘能力”和“加工能力”，才能实现数据的“增值”。

对于地震工作者来说，面对庞大的与地震相关或不相关的繁杂的巨量资料，要想快速、准确地筛选出“地震灾情”“地震异常”“地震活动”“地震科普”等有价值的信息，一定要研发出科学、有效的数据“处理模式”。

大数据在防灾方面的巨大能量尚未释放

“大数据”是近年来IT行业的热词，大数据在各个行业的应用逐渐变得广泛起来。那么，什么是大数据？简单地说，大数据又称巨量资料，指的是所涉及的数据资料量规模巨大到无法通过人脑甚至主流软件工具，在合理时间内达到撷取、管理、处理、并整理成为帮助企业经营决策更积极目的的资讯。

大数据的特点是数据量大、数据种类多，要求实时性强、数据所蕴藏的价值大。各行各业都存在大数据。那些善于搜索、处理、分析、归纳、总结其深层次规律的人，才能充分利用大数据为自己服务。下面的例子生动地诠释了大数据的特点和价值——

一家必胜客店的电话铃响了。

客服：必胜客。您好，请问您有什么需要？

顾客：你好，我想要一份……

客服：先生，烦请先把您的会员卡号告诉我。

顾客：3336502***。

客服：赵先生，您好！您是住在**路18号1205室，您家电话是8261****，您公司电话是6254****，您的手机是1331234****。请问您想用哪一个电话付费？

顾客：你为什么知道我所有的电话号码？

客服：赵先生，因为我们联机到CRM系统。

顾客：我想要一个海鲜比萨……

客服：赵先生，海鲜比萨不适合您。

顾客：为什么？

客服：根据您的医疗记录，你的血压和胆固醇都偏高。

顾客：那你们有什么可以推荐的？

客服：您可以试试我们的低脂健康比萨。

顾客：你怎么知道我会喜欢吃这种？

客服：您上星期一在国家图书馆借了一本《低脂健康食谱》。

顾客：好。那我要一个家庭特大号比萨，要付多少钱？

客服：99元，这个足够您一家六口吃了。

大数据的应用领域和前景

顾客：那可以刷卡吗？

客服：赵先生，对不起。请您付现款，因为您的信用卡已经刷爆了，您现在还欠银行6809元。

顾客：那我先去附近的提款机提款。

客服：赵先生，根据您的记录，您已经超过今日提款限额。

……

这是一个灵活和充分运用大数据的生动例子。然而，大数据并不是那么简单就能够发挥作用的。我们必须认识到，得大数据“易”，用大数据“难”。正如《纽约时报》的一篇专栏文章所指出的：“大数据时代已经来临，在商业、经济及其他领域中，决策将日益基于数据和分析做出，而非基于经验和直觉。”

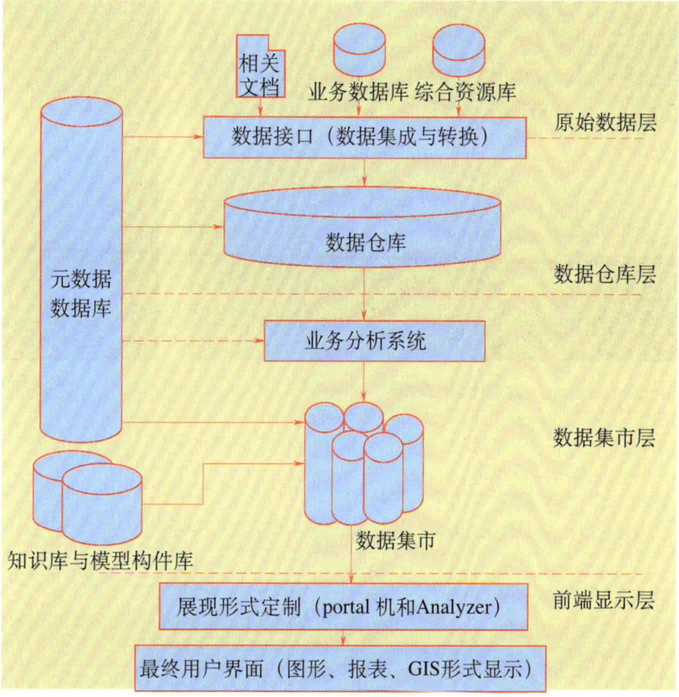

数据库、数据仓库与决策支持示意图

利用好大数据的前提是搭建平台。要搭建一个大数据平台，并非易事，特别对传统行业中对IT技术没有积累的中小部门和企业来说，更是困难。面对这种情况，就要善于应用市场上已有的大数据服务。

目前，大数据的应用主要集中在电子商务、传统零售、金融保险几个方面，电商巨头阿里巴巴就把它以后的战略定位为以数据为指导，并拥有自己的官方数据媒体“数据魔方”。

大数据的思维

要善于应用市场上已有的大数据服务

有了大数据的思维，中小企业可以借助大数据来确定营销方向和策略；而各级地震主管部门则能制定正确的规划，明确努力的方向，做好防震减灾各项工作，更好地为民众提供相关服务。

当前，大数据的运作并没有完全释放它的巨大能量，至少在防震减灾方面，大数据还能发挥更大的作用。显然，对于未来大数据如何在防震减灾工作方面充分应用等诸多问题，值得我们认真研究。

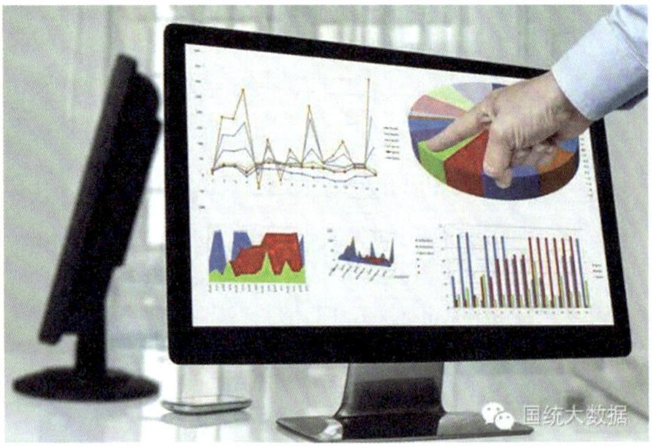

借助大数据决策

防震减灾工作的每一个环节都与信息技术密不可分

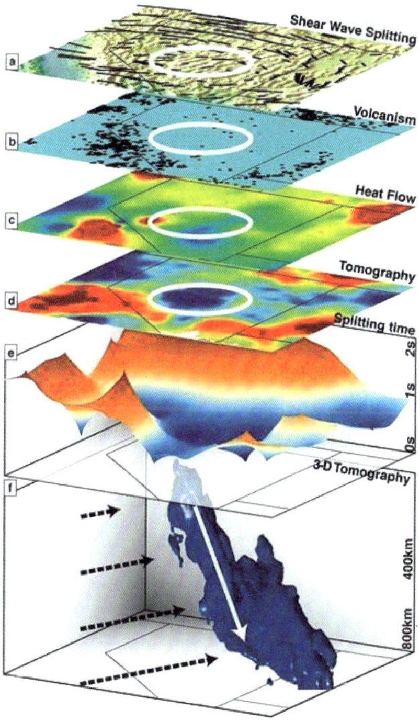

技术的发展推动着防震减灾事业的发展

从某种意义上说，防震减灾工作的发展史也同样是观测、通信等技术发展史，甚至可以说，技术的发展还在推动着防震减灾事业的发展。以地震通信手段为例，从人手相传到邮寄，再到电报、电话、短波通讯，到拨号上网、宽带网络，正是通信技术的不断进步，让地震信息的传递越来越快捷。在地震监测方面，同样也经历了一个从最简单的地震仪到模拟地震台、遥测地震台，再到现在的数字地震台的发展过程。

如今，任何国家的防震救灾体系，都离不开互联网和大数据。地震观测台站是数字化的。唐山地震时，由于测震台传递的是模拟信号，不少地震台的测震仪出现“限幅”，无法准确记录地震震级，以致在地震发生很长一段时间后，不能准确测定震级和震源，耽误了救援时间。“八五”计划期间，我国

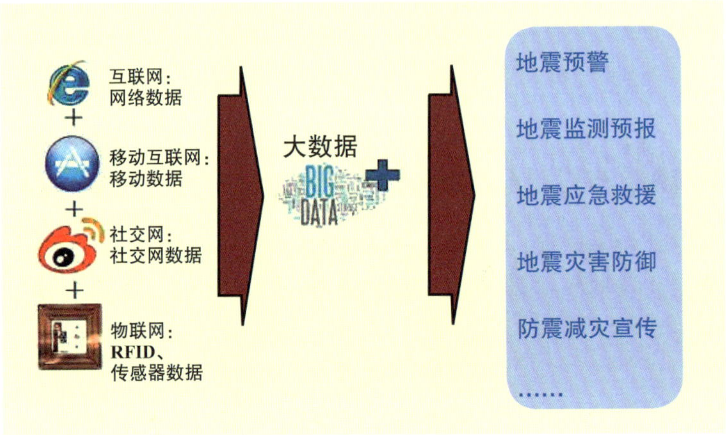

防震减灾工作离不开互联网和大数据

研制出一批数字地震观测设备，数字地震观测系统可以把地震波形记录在计算机中，便于进行数字化处理。大震发生后，可以迅速测定震中位置（震中经度和纬度）、震源深度、发震时刻和震级。这为采取应急对策争取了宝贵时间。

震害防御需要对以往发生的多次地震信息进行复杂的数据分析，应急救援要想迅速、快捷，当然不能没有现代多样化的通讯技术。如果说，在许多其他行业，信息技术还只是一项工具、一种手段，甚至一种基础的时候，那么在地震行业，信息技术已经和防震救灾的业务工作融为一体了。

智能计算机或许比人更有效

或许有人说，由于地震的特殊性，很难实现100%的信息化，目前我国地震领域也只有80%实现了信息化。但我们可以看到，许多当前难以实现信息化的领域，是由于对地质了解的不深入或各地尺度不一致等情况。例如，在水位监测上，由于各地测量水位的标准不一样，因而难以实现计算机控制，但如果对水位的了解形成了一个可量化的体系，这一问题将迎刃而解。

当然，计算机不可能代替所有的人工操作，但从防震救灾这一对反应速度要求非常高的领域来说，在大部分环节，智能的计算机或许比人更有效。同时，由于地震预报仍然是个世界性难题，地震灾害很多时候不可避免，但通过与互联网的深度融合，充分收集、发掘和利用大数据，地震灾害的影响一定会逐渐被降到最低。

大数据在防震减灾工作中的应用方向

以多种数据采集方式为手段，以业务处理为应用方向，地震行业的信息化建设已聚集海量繁杂数据，并且正在不断地增加和丰富。依托当前国家的信息化建设，充分挖掘地震“大数据”的内在价值，将为行业的快速发展、地震预报、地震应急决策提供智能化、前瞻性的技术手段。

（1）地震数据挖掘

地震数据来源于多种地球物理场的观测。为了适应时代的发展和要求，地震系统各部门应在不断更新现有数据的基础上，着力加强数据的应用。数据挖掘技术的发展水平，直接关系到地震数据的开发利用程度。

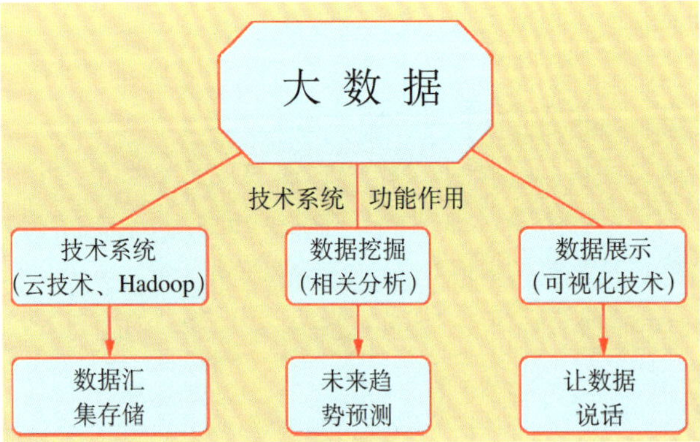

大数据系统

在重大地震工程建设中，应该注重开展数据应用。在开展地震信息服务时，选取一些与民生联系紧密的领域，创建服务民众的典型示范，进而带动全国范围内地震信息服务的开展。

（2）信息资源开放

“大数据”将割裂存储于不同部门的数据加以整合，在同一平台上开放可推进数据创新应用，充分挖掘信息的经济附加值。在地震行业，基于来自不同部门的大量监测数据，可以实现管理、科研共享一体化，促进数据资源的科学利用。

（3）科学行业决策

海淀区卫星遥感图

“大数据”能够提高地震决策的科学性和精准性，提高地震预测预警能力以及应急响应能力。在大震应急时，要利用遥感获取的灾情数据和相关应急工作成果及时地应用于地震应急救援指挥、灾害调查与损失评估、灾民安置与恢复重建等工作中。

（4）公共信息服务

从近年来“大数据”实际发展来看，公共服务系统是大数据在电子政务领域最好的应用平台。地震信息网站是信息化时代展示防震减灾事业形象的重要平台，是社会和公众快速获知地震信息的主要窗口。

当前的地震系统部门数据分散，信息化建设各异，缺乏联动，这种分散造成数据利用率较低。通常采用数据格式转换模式、数据互操作模式和直接数据访问模式集成多源数据。地震大数据的集成对地震系统部门提升数据管理能力和应急反应能力，提供更加优质的公共信息服务意义十分重大。

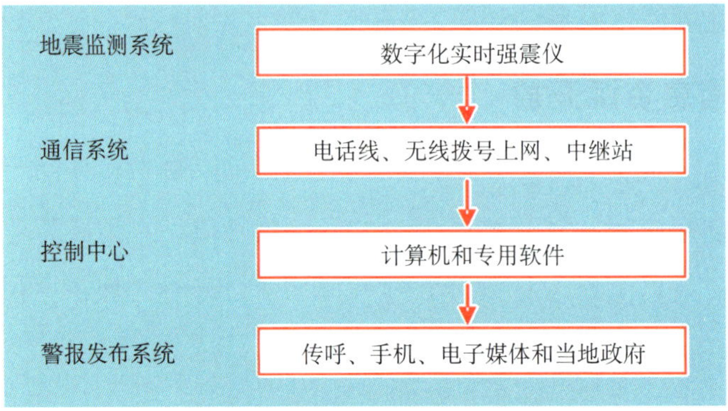

地震信息社会服务的技术思路

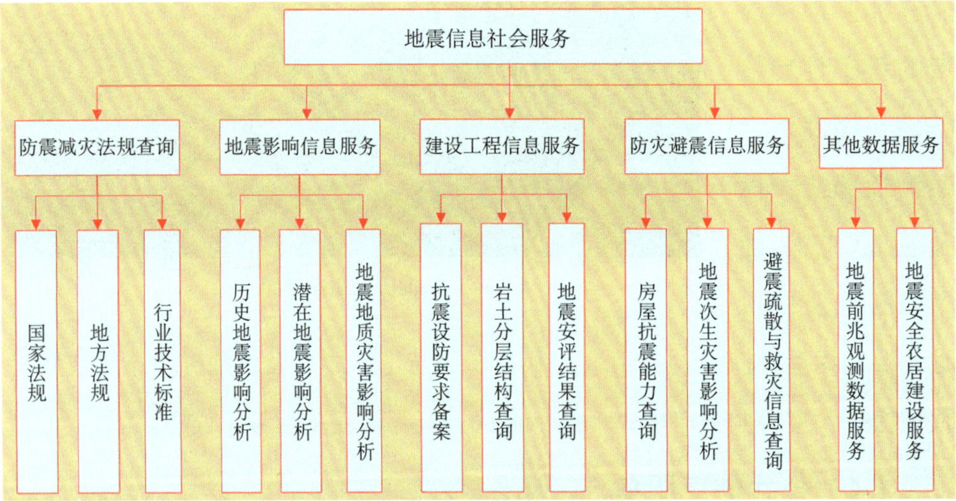

地震信息社会服务主要内容

要想形成以地震信息网为龙头的多元化、多层次信息服务平台，推进地震信息服务的常态化和产品的公众化，提高地震信息网的知名度和影响力，还有很多具体工作要做。

实现“互联网+”必须考虑防震减灾工作的特殊性

谷歌搜索、脸书的帖子和微博消息使得人们的行为和情绪的细节化测量成为可能。挖掘用户的行为习惯和喜好，从凌乱纷繁的数据背后找到更符合用户兴趣和习惯的产品和服务，并对产品和服务进行针对性地调整和优化，这是大数据的商业价值所在。

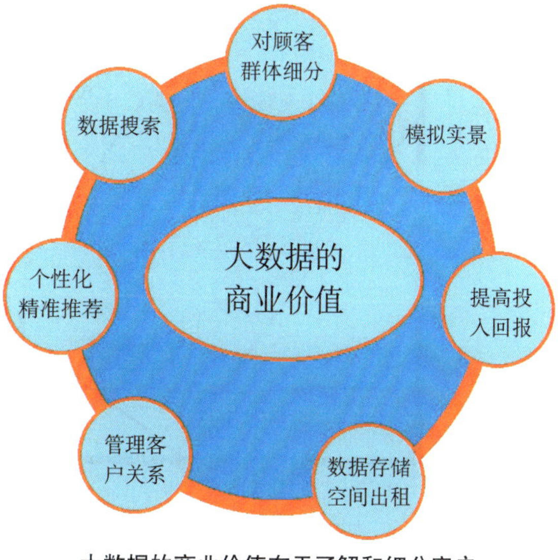

大数据的商业价值在于了解和细分客户

利用互联网大数据，对消费者的喜好进行判定。商户可以为消费者定制相应的独特的个性服务，甚至可以在一些商品或者服务上匹配用户心情等。商家还可以根据大数据为消费者提供其可能会喜好的特色产品、活动、小而美的小众商品等。

然而，防震减灾工作自身的特殊性，决定了其和商业经营活动是有严格的区别的。

“按兴趣为用户推荐个性化的信息”的做法未必总是适合防震减灾工作。比如，一旦有了地震灾情（或地震预警）信息，必须要向所有可能受影响的人发送，而不能考虑用户的“兴趣”。平时不喜欢看防灾知识的人，在进行宣传的时候，也要努力覆盖到，不能因为他们可能“不感兴趣”，就不向他们推荐防震减灾基本知识。

此外，还要充分考虑“延迟问题”。要想使“大数据”在防震减灾方面发挥“实时性”的作用，处理数据必须要快速准确。比如，地震预警信息，真正地“时间就是生命”，时效性要以“秒”计，对数据“处理模式”的效率和科学性的要求是非常高的。

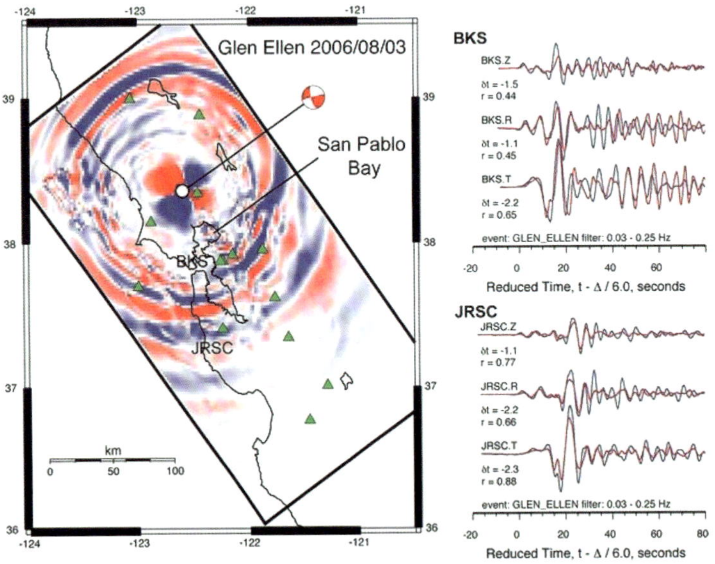

防震减灾对数据处理模式的效率和科学性的要求非常高

最后，就是如何对“数据质量”把关的问题。利用大数据需要创建可靠的元数据，而地震元数据相对来说是比较复杂的。比如，地震部门的“地震数据”和石油与天然气公司勘探开采部门的“地震数据”是完全不同的；地震部门的“水位异常变化”与水利部门的概念也是不同的；关于“地震谣

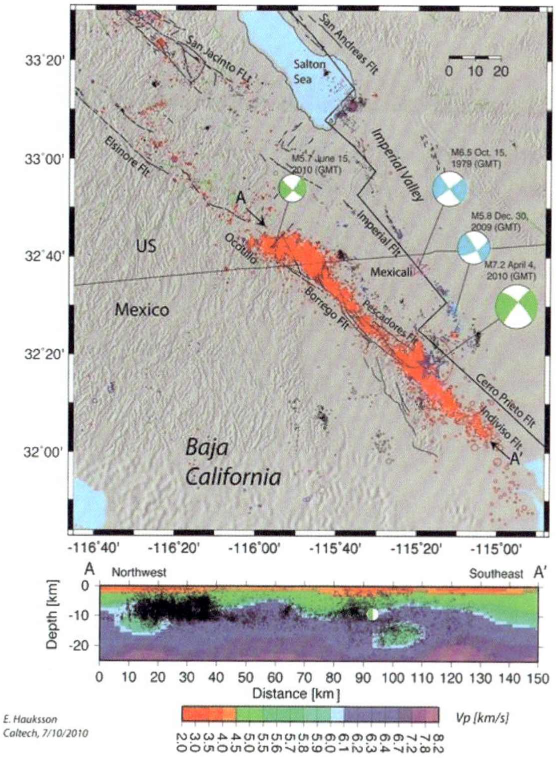

对“大数据”的解读只能由专业人员完成

传”的界定，更是非常专业的问题。

与防震减灾工作相关的“大数据”中蕴含的价值，只能由地震专业人员来解读，而不能把它交给数据科学家和程序开发人员。因此，要真正利用互联网解决防震减灾工作中的实际问题，首先要真正融入互联网。这种“融入”不仅需要社会支撑、技术支撑、人才支撑、资金支撑，也需要必要的政策支撑。不管怎么说，在实施“互联网+地震”工作时，一定要充分考虑到防震减灾工作的特殊性。

实现地球数据信息全国范围充分共享非常重要

“数字地球”的概念有十分积极的意义，有十分美好的前景，也意味着新技术的挑战。我们要从战略层面上看清这一趋势，从我国国情出发，去迎接面临的挑战。

“地理信息系统”之所以能发展，“地球信息学”和“数字地球”之所以能提出，是由于高新技术为地球及相关信息的获取、存储、处理和显示方式的革命性的进步；同时，几十年积累下来的大量地球信息，有待深入开发利用，为社会服务。在这方面要迈上新台阶，必然要求理论和技术的进一步发展，要求在技术措施、科学管理组织等方面采取得力的步骤。从我国的情况看，关键问题之一是，首先要实现地球数据信息全国范围的充分共享。

中国科学院地学部几年来对地球科学数据共享多次提出过建议。1994年6月，提出了“关于进一步做好我国地球科学、资源与环境科学研究基础资料与数据共享的建议”。1996～1997年，中科院地学部、“中国地球科学发展战略”研究小组经过讨论认为：“遥感技术和地理信息系统为许多科技领域和军事应用开拓了新的方向，并已经开始产业化的趋势”，“最近国际上地学数据的数字化、网络化、可视化、动态化趋势——促进了学科交叉的实现……（可用于）及时预测全球农作物的产量”，并继续呼吁国内有关部门实现数据联网和数据共享的落实。应该说，这种呼吁是积极而富有远见的。

在“互联网+”和大数据时代，包括地震科学在内的数据共享是必然趋势，也是必然要求。数据共享应抓什么？地球科学所面临的研究对象和问题通常以长时间的、大尺度、大规模为特征。这些研究不仅需要在实验室中进行，而且更需要大范围、长时间、系列的实地观测资料。并且相关研究项目之间在科学数据上有密切的相互需求，不同学科之间也有科学数据上的相互需求。例如水文、气象、海洋、测绘之间等的大范围、持续性的常规观测。

为了充分发挥这些资料的价值，国际上都对这类常规调查数据以及某些国家资助的研究课题所取得的基本数据实施数据共享制度。在计算机网络迅速发展的今天，国际上数据共享更走上了获得及时、内容丰富的新方式。这些是非常值得我们学习和借鉴的。

目前，缺乏共享制度以及资料封锁和提供数据的不合理收费，已经在一定程度上阻碍了我国地球信息为国家和社会提供服务的效率和学科发展。真正实施数据共享，将大大提高各类数据的使用效率，减少不必要的重复工作所造成的浪费，极大地有利于地球信息科学技术工作的发展。

地学数据共享

我国的遥感、地理信息系统和全球定位系统，在过去的几十年里都是以国家需要和科技发展需求带动起来的，实践证明了其生命力。“数字地球”也应如此。当然，要真正实现地球科学数据的共享，我们还有很长的路要走，还有很多政策要完善，还有很多技术要突破，还有很多理念要更新。

通过网络开展地震数据服务方面的工作已经起步

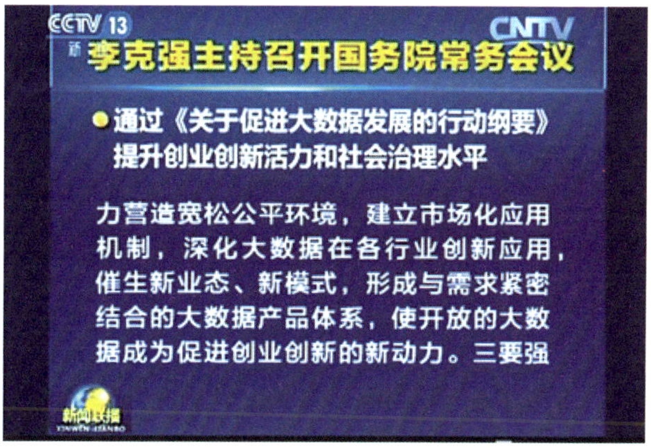

《关于促进大数据发展的行动纲要》发布

2015年，我国政府发布的《关于促进大数据发展的行动纲要》，核心是推动各部门、各地区、各行业、各领域的数据资源共享开放。在“行动纲要”正文中，“共享”共出现59次，“开放”共出现36处，充分显示了数据共享开放对国家大数据发展的极端重要性。

在当下，网络无疑已经成为人们获取所需信息的最重要的手段之一。以科学数据的共享传播为例，各种科学数据不断通过网络进行分发，供不同领域的研究人员使用，从另一角度促进了科学数据的利用率，地震科学领域也不例外。

地震灾害治理，尤其是特大地震发生后的灾害治理是一项综合性的复杂的社会性系统工程，其调动社会资源之广泛、配置社会资源之迅速、利用社

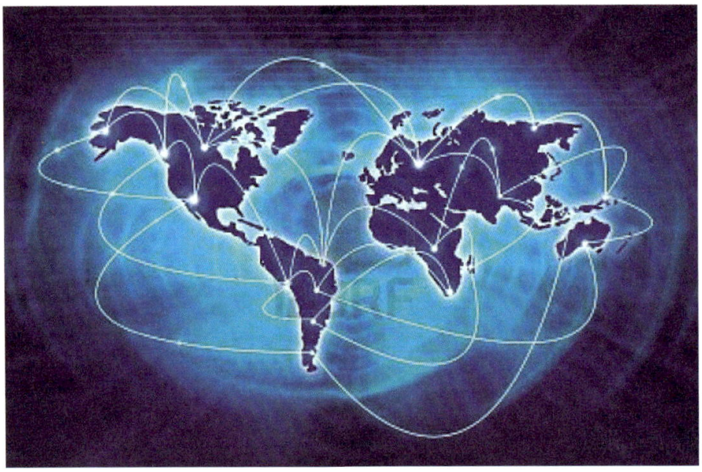

会资源之迫切、资源使用惠及对象在一定区域之普遍、资源使用对民生和灾区社会稳定影响之深刻，远非社会常态运行时所能比，更为重要的是，这时的资源利用带有很强应急性、集成性和公共性，因而对资源共享的深度和广度要求更高也是必然的。也只有这种更高层次和水平的资源共享，才能实现地震灾害治理中的知识共享更高层次和更高水平。

在国际上，有数以百计的地震数据信息服务网站，其中美国地质调查局（USGS）、国际地震学研究联合会（IRIS）数据管理中心（DMC）以及哈佛大学地震研究组强强联合，建立了规模较大、数据质量非常高的全球地震数据服务网络。通过因特网向全世界提供包括用户自主选定的连续地震波形数据段、地震事件波形数据、地震目录、地震速报、地震报告（震相数据）、地震台站信息、较大地震的矩张量解（和矩震级）以及辐射能量（和能量震级）在内的一整套地震数据服务，极大地促进了全球地震科学数据的利用率提升和地震学科的发展。

在我国，通过因特网开展地震数据服务，也逐步广泛开展起来，并成为发展地震科学数据共享的重要组成部分。如中国地震台网中心建立的国家地震科学数据共享中心，是目前我国规模较大的地震数据共享平台。另外，多个地方的省级地震局依托所属地震台站产出的数据，也建立了各地方的地震信息网，为地方政府部门、社会公众及防震减灾专业人员提供服务。

国家地震科学数据共享中心网页

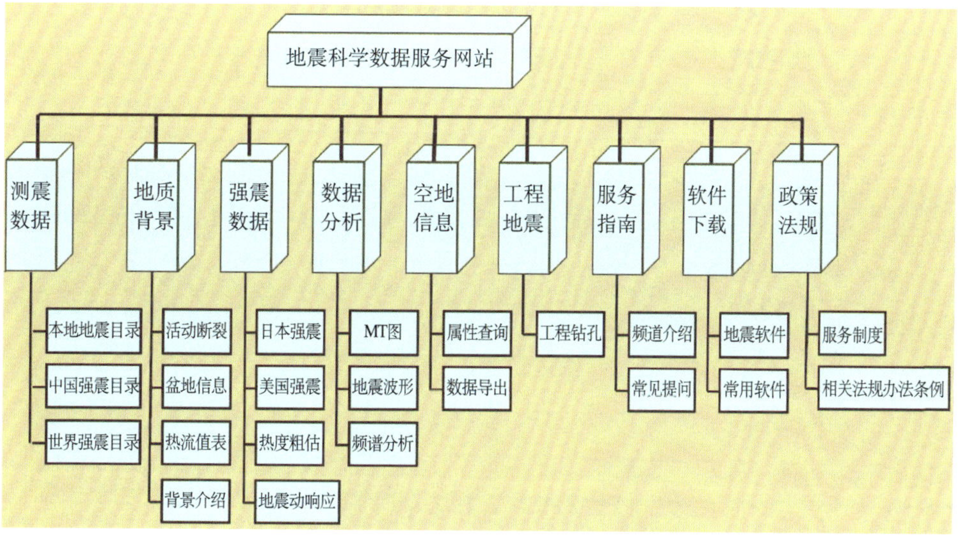

地震科学数据共享服务网站发布内容框架图

【背景资料：电子政务】

自20世纪90年代电子政务产生以来，关于电子政务（Electronic Government）的定义有很多，并且随着实践的发展而不断更新。

联合国经济社会理事会将电子政务定义为，政府通过信息通信技术手段的密集性和战略性应用组织公共管理的方式，旨在提高效率、增强政府的透明度、改善财政约束、改进公共政策的质量和决策的科学性，建立良好的政府之间、政府与社会、社区以及政府与公民之间的关系，提高公共服务的质量，赢得广泛的社会参与度。

世界银行则认为电子政府主要关注的是政府机构使用信息技术（比如万维网、互联网和移动计算），赋予政府部门以独特的能力，转变其与公民、企业、政府部门之间的关系。这些技术可以服务于不同的目的:向公民提供更加有效的政府服务、改进政府与企业和产业界的关系、通过利用信息更好地履行公民权，以及增加政府管理效能。因此而产生的收益可以减少腐败、提高透明度、促进政府服务更加便利化、增加政府收益或减少政府运行成本。

简单地说，电子政务就是运用计算机、网络和通信等现代信息技术手段，实现政府组织结构和工作流程的优化重组，超越时间、空间和部门分隔的限制，建成一个精简、高效、廉洁、公平的政府运作模式，以便全方位地向社会提供优质、规范、透明、符合国际水准的管理与服务。

云技术在电子政务中的应用越来越广泛

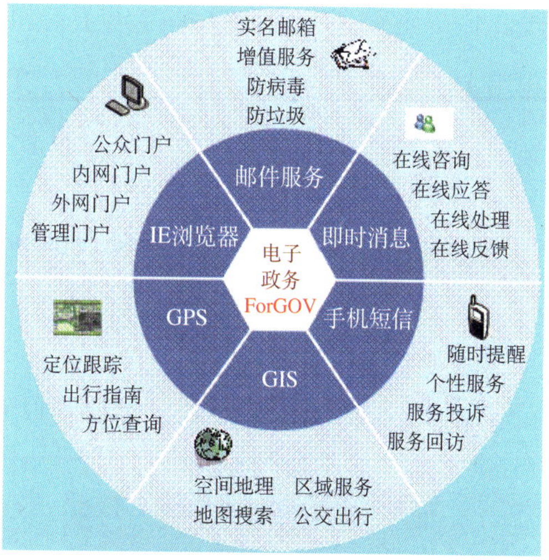

“电子政务”的理念得到丰富和升华

提到电子政务，很多人脑海里还停留在“政府办网站”这一概念里。其实，随着云计算、大数据等新一代信息技术的发展和应用，电子政务早已挣脱藩篱，其外延和内涵均得到丰富和升华。

云技术是基于云计算商业模式应用网络技术、信息技术、整合技术、管理平台技术、应用技术等的总称，可以组成资源池，按需所用，灵活便利。云计算通过统一灵活调用各种网络资源，实现低成本、高效率、大规模地处理海量信息并提供信息通信技术服务。最简单的云计算技术在网络服务中已经随处可见，例如搜索引擎、网络信箱等，使用者只要输入简单云技术指令即能得到大量信息。

中国地震台网中心开始尝试利用现在的互联网技术与云计算始于2012年。实际上，从2011年开始，云计算产业就可以说是步入“稳健”发展阶

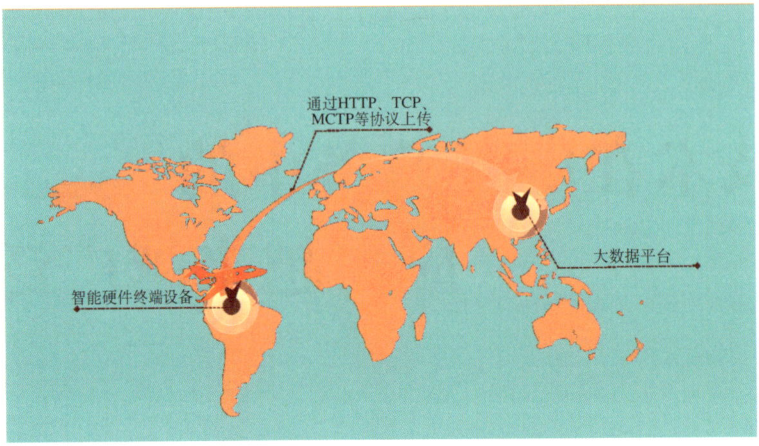

云计算技术在网络服务中已经随处可见

段。世界上很多大的公司都推出了自己的“私有云”以及基于云计算的产品和服务，如微软、苹果和亚马逊等。在中国，很多IT企业发布“云”战略、推出“云”产品，运营商也开始部署基于“云”的应用。

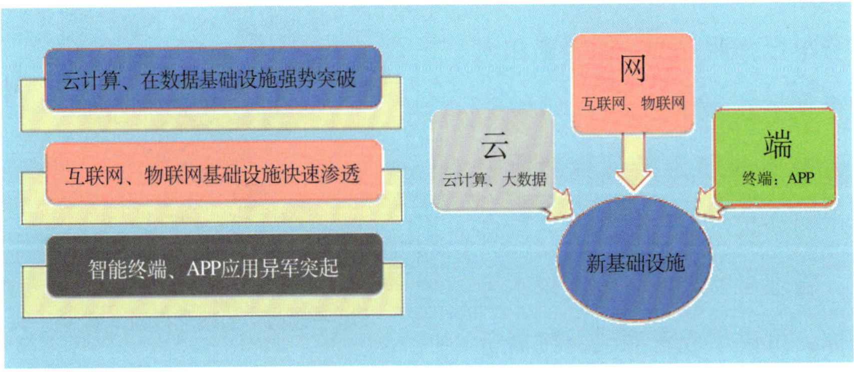

互联网+时代下的“云”应用

政府同样也对“云”有了更深的认识。各国政府几乎都在谈论“云”，美国、韩国都有一些关于“云”的战略，中国政府的投入也非常积极。据不完全统计，全国提出“云计算”发展计划的地方政府已覆盖了30多个省、市、自治区。

说到底，“云”是被逼出来的。因为IT产业发展到一定阶段，数据越来越多，软件越来越复杂，终端越来越多样，那没办法，好多东西必须要放到后台去，也就是要放到“云”里面去。比如搜索、地图应用和位置信息，没有“云”便无法传播，那么多信息不可能存到终端里。我们的政府管理中普遍使用的电子政务，也面临着类似的问题。

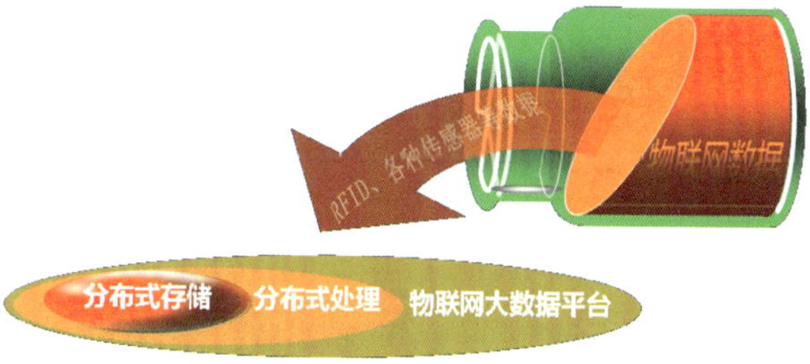

好多东西必须要放到后台去

享受云端大数据平台的便利

在传统电子政务建设模式，省市政府各部门一般自行建设本部门的网站。这种模式的缺点：一是政府网站建设、管理、运维等方面的费用较高；二是不利于部门网站与门户网站的信息交换；三是各政府部门网站风格不一，难以树立政府统一形象；四是需要配备一定数量的网站管理人员。如果采用基于云计算技术的政府网站群建设模式，政府网站平台在政府云计算中心运行，对各部门网站进行统一建设、统一管理、统一运维，则可以显著降低政府网站建设成本，实现部门网站与门户网站信息同步更新，统一政府网站形象，减少政府网站工作人员。随着政府门户网站访问量快速增长、网站内容多媒体化，使网站的计算量、存储量呈现爆炸式增长，而云计算的技术特性正好契合这一需求。

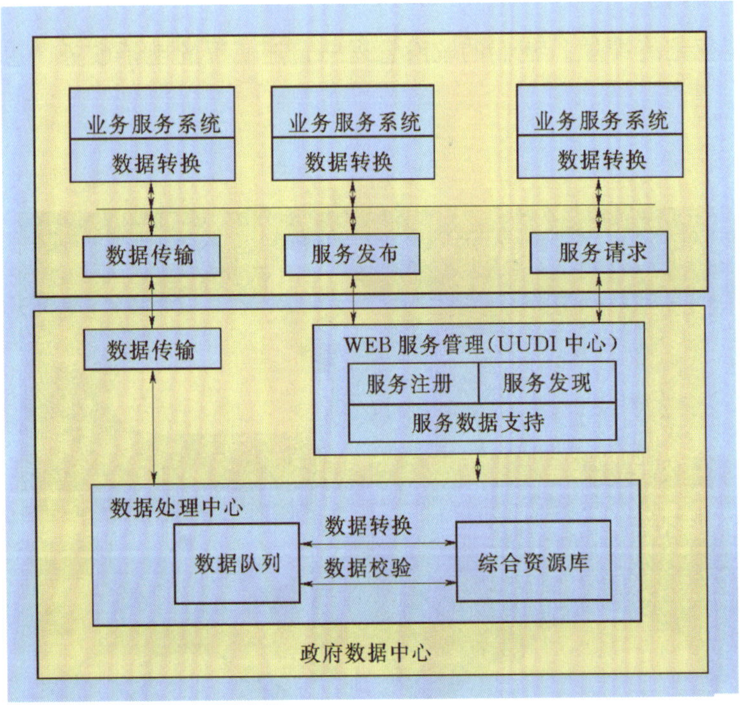

数据交换和共享平台示意图

在传统电子政务模式下，政府部门各自为政，电子政务系统分散建设、分散管理、分散运维，暴露出很多问题，如重复建设、信息孤岛、高投入低效益等。采用基于云计算技术的电子政务模式，统一采购软硬件设备，对政府信息系统进行统一管理、统一运维，不仅可以减少政府财政投入，而且便于信息资源整合，发挥电子政务的整体效益。随着云计算技术在电子政务领域的应用，传统分散的电子政务管理体制已经不适应新形势，必须向集中管理方向发展。

云计算技术发展势不可当，我们必须正视新技术带来的新变革，积极推进云计算技术在防震减灾电子政务领域的应用。

对于地震系统来说，应该积极推进垂直系统的数据大集中，扩建机房和数据中心，并把机房和数据中心升级为云计算中心；加快建设基于云计算的大OA系统、政府地震网站群，促进防震减灾信息共享和业务协同。

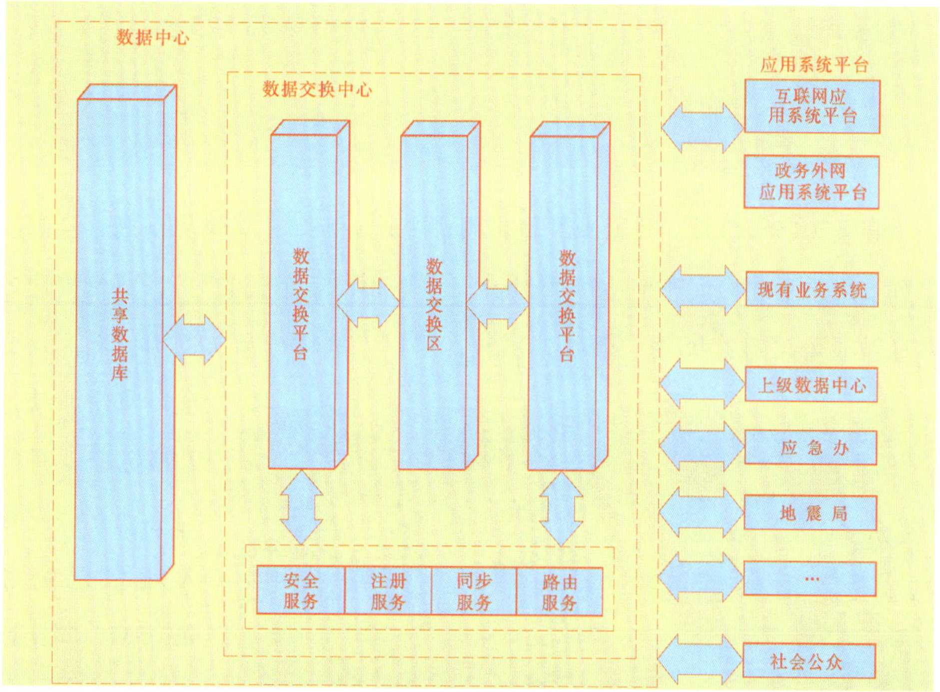

数据交换中心总体框架图

地震电子政务呈现蓬勃发展趋势

截至2015年11月，我国光纤宽带用户占比近54%，居世界前列，全国固定宽带用户平均接入速率达19.4Mbps，约是2014年年底的3倍，宽带提速效果日益显著。随着4G用户爆发式增长，手机上网用户数再创历史新高，截至11月份，超过9.05亿户，月户均移动互联网接入流量已突破366.5M，同比增长85.3%。

由2014年中国电子政务论坛发布的《电子政务蓝皮书：中国电子政务发展报告（2014）》指出，我国电子政务发展呈现总体平稳态势，电子政务基础设施进一步完善。我国电子政务网络已经覆盖所有的省、自治区、直辖市，90%以上的市和80%以上的县。截至2014年年初，各级政府网站普及率不断提高，我国副省级以上、地市级、县级地方政府网站覆盖率分别达到100%、100%、80%。

我国已具备推进“互联网+”发展的坚实基础。另一方面，也面临着互联网与传统行业融合有待进一步加深、技术应用创新实力还需提升、网络信息安全保障仍需加强等挑战。

地震电子政务的蓬勃发展已经成为政务办公和为社会公众服务的重要平台，也是提升地震行业信息化水平和建立服务型政府的保证。地震电子政务有效地提高了办公效率，特别是遇到突发地震灾害时，充分显示了其优越性。地震灾害带来的巨大损失已经受到社会公众的高度关注，地震应急时刻发挥地震电子政务迅速发布地震速报和启动应急响应信息的服务能力，为公众提供准确及时的最新震情、应急救援、地震现场等重要地震信息服务。

先进的电子政务设计理念和服务模式会推进地震电子政务更快更好地向前发展，为地震政务部门提供电子政务平台应急保障。同时，为面向社会公众服务的业务应用创造了条件，提高执政能力和公众服务水平、向社会公众提供更优质专业的地震信息服务。

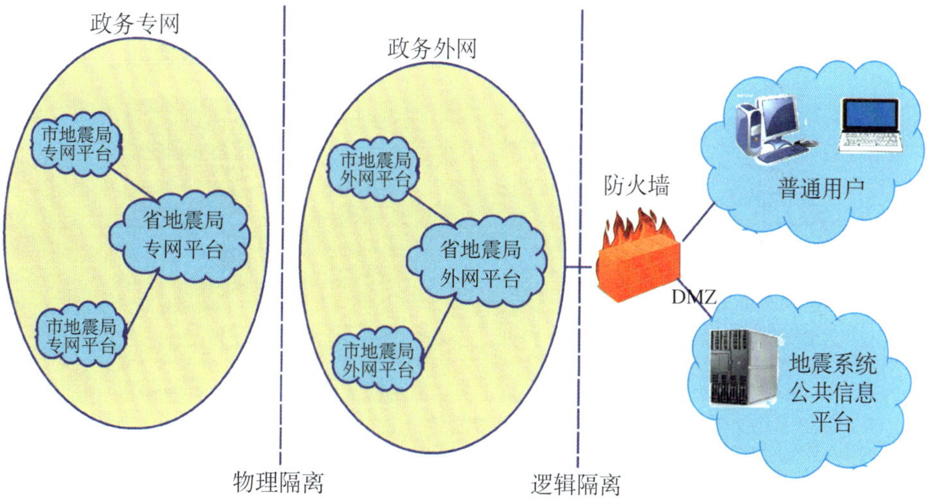

某省地震电子政务网络结构示意图

2012年11月30日，中国地震局印发了《防震减灾信息化规划》，对地震系统的政务信息化提出了新的要求，希望加强信息化顶层设计，加强防震减灾信息资源整合，完善地震信息服务体系，健全面向政府、行业、公众的信息服务机制；进一步提升防震减灾信息化水平，加大信息技术与防震减灾业务的融合程度；推进电子政务内网建设，建设以公文数据库、政务信息数据库、新闻资料库、应急值守资料库等为基础的信息资源系统，实现重要政务信息共享；丰富防震减灾政府信息公开的内容和方式，保障公众知情权、参与权、监督权，等等。

目前，地震行业已经逐渐实现通过电子政务平台为社会提供地震速报、行业信息、地震科技动态等信息服务，根据业务需要还开展了各项功能模块的应用互动，充分发挥了政务网的优越性和便利性。地震电子政务发展在信息技术的不断推动下，实现了组织结构和工作流程的优化重组，超越了时空的限制，为社会公众提供优质的地震信息服务。

地震电子政务系统

地震电子政务在地震信息服务方面发挥了重要作用，凭借其科学的整体设计，合理的谋划布局和规范的操作模式，成为了地震与公众的桥梁和纽带。

在不久的将来，政务云对地震电子政务建设必将产生革命性影响。比如，为从根本上打破各系统、各省地震局各自为政的建设思路提供了可能。在未来的地震电子政务系统建设中，一个省地震局甚至整个地震系统都可以不建立独立的数据中心，充分利用资源云。通过统筹规划，可以把大量的应用和服务放在云端，充分利用云服务。

防震减灾信息管理系统的应用及发展方向

GIS是一种采集、存储、管理、分析、显示与应用地理信息的计算机系统，是分析和处理地震大数据的通用技术。建立基于GIS的城市防震减灾信息系统，能极大地提高城市防震减灾的科学性和合理性，增强了城市综合抗震防灾能力。

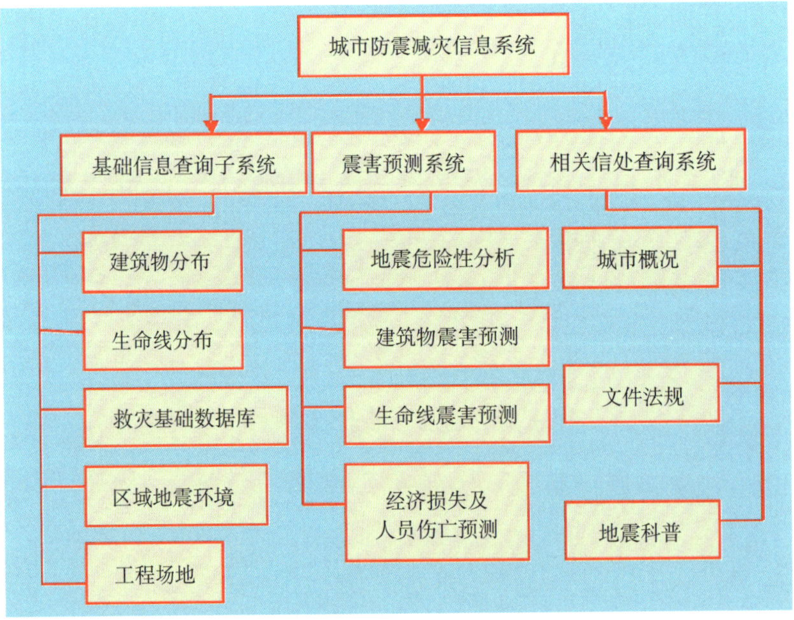

城市防震减灾信息系统框架图

城市防震减灾信息管理系统是一个融合多种学科和高新技术的复杂系统，是政府进行地震灾害科学管理的辅助决策工具。震前，可为政府部门找出抗震薄弱环节，为地震灾害预防提供科学依据；震时，能快速作出科学化、程式化的应急响应，辅助政府官员进行抗震救灾指挥决策；震后，能快速估计经济损失、人员伤亡等，辅助政府做好震后恢复救助工作。

在城市防震减灾信息管理系统中，最主要的工作是对地理信息数据进行处理与分析。

地理信息数据是与所研究对象的空间地理分布有关的信息，是表示地表物体（地理特征）及环境固有的数量、质量、分布特征、联系和规律等的数字、文字、图像和图形等的总称。

简而言之，地理信息数据包含两个方面的数据，一是空间数据，也就是通常所说的地理坐标；二是与空间地理坐标相关联的数据和信息，称为属性数据。震害预测工作涉及大量的地理信息数据，如活动断层空间分布、地震震中空间分布、地震影响场的空间分布、城市中各建筑物的地理位置分布等，都是地理信息。

震害预测计算和地震对策信息的获取，还涉及对大量空间信息的分析，如确定地震影响场的分布，预测建筑物和生命线工程的震害、次生灾害、经济损失以及应急辅助决策等都与大量的空间分析密不可分。同时还要处理大量的属性信息和建（构）筑物的基本属性信息。如名称、高度、用途等生命线管网的基本信息、社会人文、自然属性信息和经济发展的属性信息等。面对如此大量纷繁、复杂的地理信息数据和空间、网络分析工作，GIS提供了一种最佳解决方案。

当今社会的发展，以信息技术和空间应用为特征。作为信息技术和空间应用的载体，GIS越来越引起人们的广泛关注，GIS的网络化、开放式GIS、三维甚至高维GIS已成为GIS在防震减灾研究中应用的发展方向。

WebGIS是运行在Internet上的网络GIS，是利用万维网技术对传统GIS的改造和发展。它改变了传统GIS的运行模式，使用户可以借助方便、廉价的因特网，通过“Browser”这一统一的图形用户界面，访问位于不同地区、不同类型的空间信息资源。

随着信息技术及Internet的飞速发展与广泛应用，开发基于Internet的、具有空间信息共享及协同工作能力的网络GIS，已成为亟待解决的问题，这对于扩大地学信息的来源，降低地学数据获取成本，提高数据的利用率和时效性，以及促进地学研究中相关信息应用的深度和广度都具有重要意义。

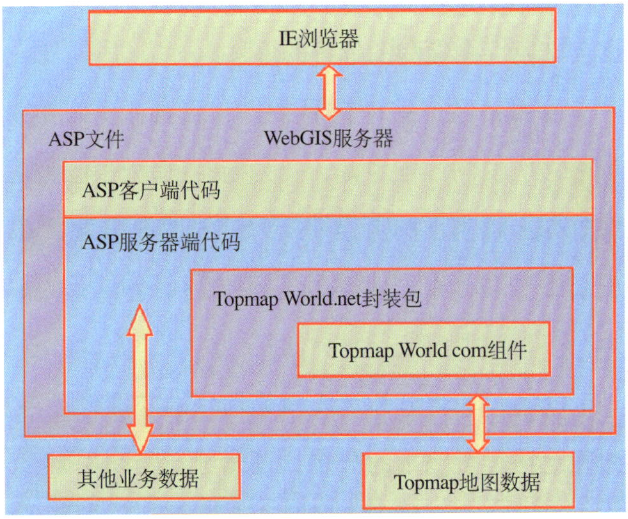

WebGIS系统设计图

WebGIS的最终目标是实现GIS与Web技术的有机结合，也就是将GIS融入Web，从Web的任意一个节点上，用户使用浏览器就可以浏览WebGIS站点中的空间数据、制作专题地图，进行地理信息的空间查询、空间分析，甚至预测和决策，从而给Web的信息发布加上了GIS这一直观工具，使人们通过Web浏览查询信息更加方便，也使GIS的功能通过Web得到普及和扩展，使基于GIS的空间信息系统真正成为可操作、实用化和可共享的技术系统。WebGIS的最大特点是在空间框架下实现图形、图像数据与属性数据的动态连接，提供网上可视化查询和空间分析功能。

开放式地理信息系统（Open GIS）是指在计算机和通信环境下，根据行业标准和接口所建立起来的地理信息系统。它不仅使数据能在应用系统内流动，还能在系统间流动。Open GIS规范提供了地理信息及处理标准，按照该规范开发的各个系统之间可以自由地交换地理信息和处理功能。Open GIS技术将使GIS始终处于一种有组织、开放式的状态，真正成为服务于整个社会的产业以及实现地理信息的全球范围内的共享与互操作，是未来网络环境下GIS技术发展的必然趋势。

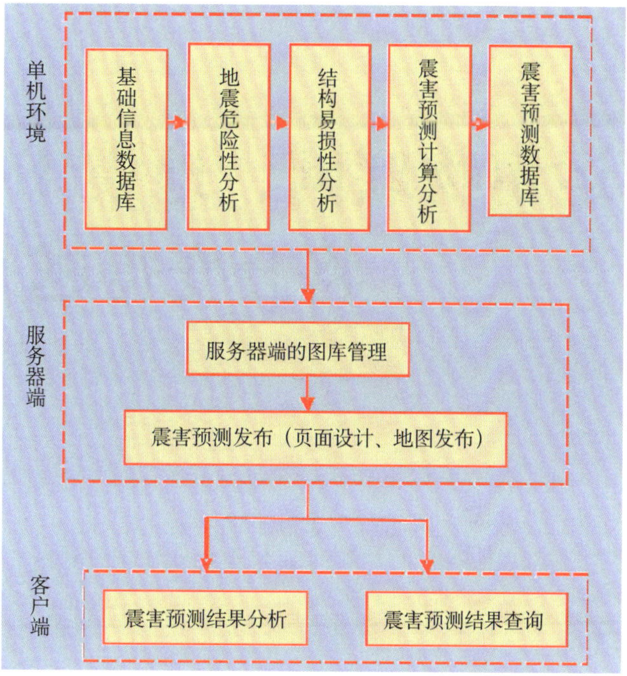

基于WebGIS的震害预测主要步骤

此外，三维GIS也是一种大的发展趋势。世界的本原是处在三维空间中的，地震科学研究面对的对象就是地球这个空间三维体。现在越来越多的迫切要求是在真实直观的三维空间进行地震科学各种空间查询和分析。与二维GIS相比，三维GIS对客观世界的表达能给人以更真实的感受，它以立体造型技术给用户展现地理空间现象，不仅能够表达空间对象间的平面关系，而且能描述和表达它们之间的垂向关系；另外对空间对象进行三维空间分析和操作也是三维GIS特有的功能。

运用物联网，地震工作将会变得越来越简单

在法国和瑞士之间，阿尔卑斯山高拔险峻，矗立在欧洲的北部。高海拔地带累积的永久冻土与岩层历经四季气候变化与强风的侵蚀，积年累世所发生的变化常会对登山者与当地居民的生产和生活造成极大影响，要获得对这些自然环境变化的数据，就需要长期对该地区实行监测，但该区的环境与位置，决定了根本无法以人工方式实现监控。在以前，这一直是一个无法解决的问题。

瑞士阿尔卑斯山

在2006年，一个名为PermaSense Project的项目使这一情况得以改变。PermaSense Project计划希望通过物联网（Internet of Things）中无线感应技术的应用，实现对瑞士阿尔卑斯山地质和环境状况的长期监控。监控现场不再需要人为的参与，而是通过无线传感器对整个阿尔卑斯山脉实现大范围深层次监控，包括：温度的变化对山坡结构的影响以及气候对土质渗水的变化。参与该计划的瑞士巴塞尔大学、苏黎世大学与苏黎世联邦理工学院，派出了包括计算机、网络工程、地理与信息科学等领域专家在内的研究团队。据他们介绍，该计划将物联网中的无线感应网络技术应用于长期监测瑞士阿尔卑斯山的岩床地质情况，所搜集到的数据除可作为自然环境研究的参考外，经过分析后的信息也可以作为提前掌握山崩、落石等自然灾害的事前警示。

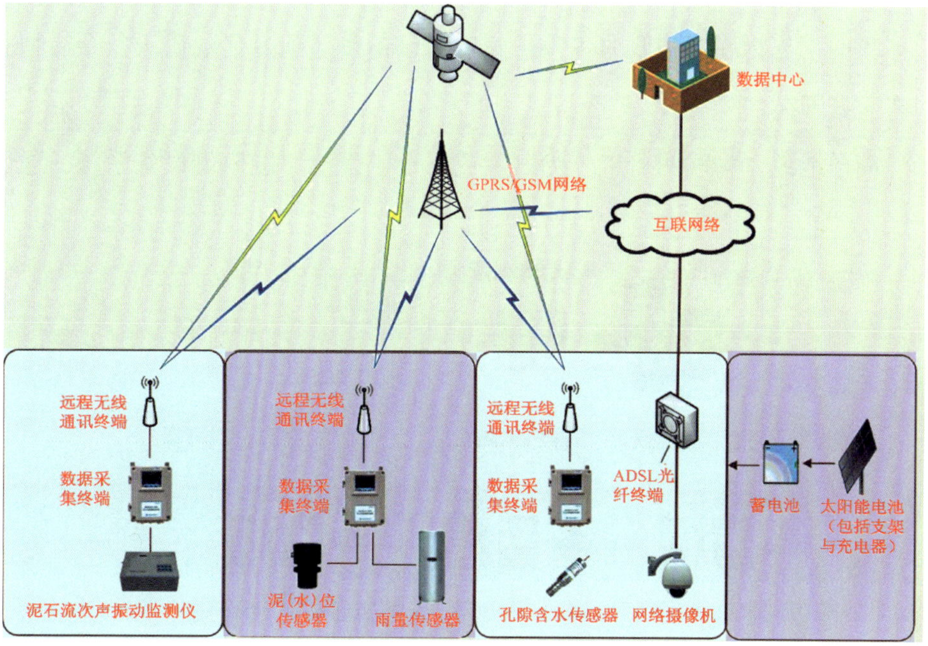

物联网监测预警平台示意图

“物联网”的概念是在“互联网”的基础上，将其用户端延伸和扩展到任何物品与物品之间，进行信息交换和通信的一种网络概念。也就是通过射频识别（RFID，俗称“电子标签”）、红外感应器、全球定位系统、激光扫描器等信息传感设备，按约定的协议，把任何物品与互联网相连接，进行信息交换和通信，以实现智能化识别、定位、跟踪、监控和管理的一种网络概念。

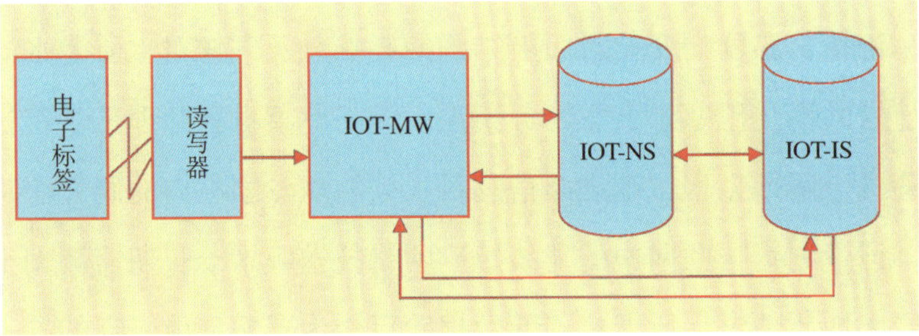

物联网架构图

有学者认为，随着时代的发展，物联网将达到极大的规模，远超过目前的互联网。与物联网相联的各种传感器和设备将达到万亿数量级，今后物联网将无处不在。

简单地说，物联网可以分为三层或三个子系统，即末端设备系统、通信

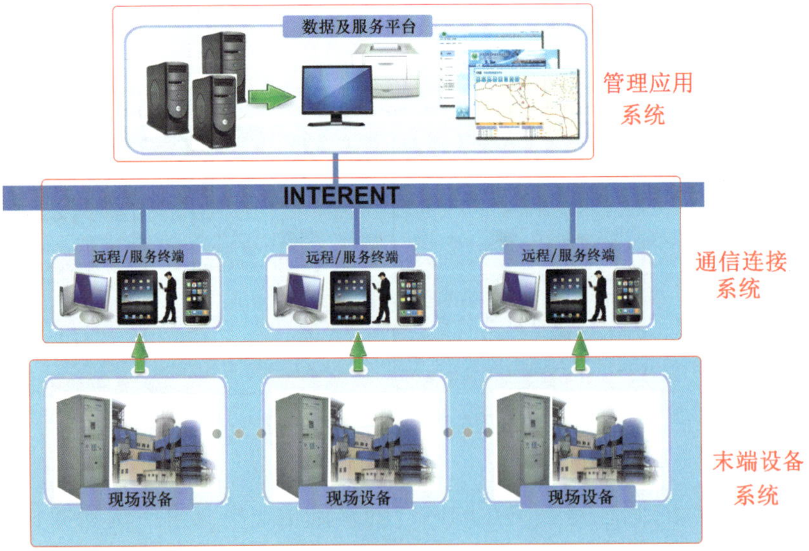

物联网系统

连接系统和管理应用系统，而其服务领域将覆盖公共安全、工业农业、交通运输、商业流通、能源环境、医疗卫生、消费电子、智能建筑、IT服务……

物联网可以真正实现“数字城市”“感知城市”。目前国家提出的“感知中国”计划，将推动物联网在全国各地电子政务建设中的应用。物联网的应用领域很广，尤其是与电子政务关系特别密切的城市管理、公共安全、智能交通、环境监测、远程医疗等领域，物联网都可以大大提高政府工作和服务的效能。

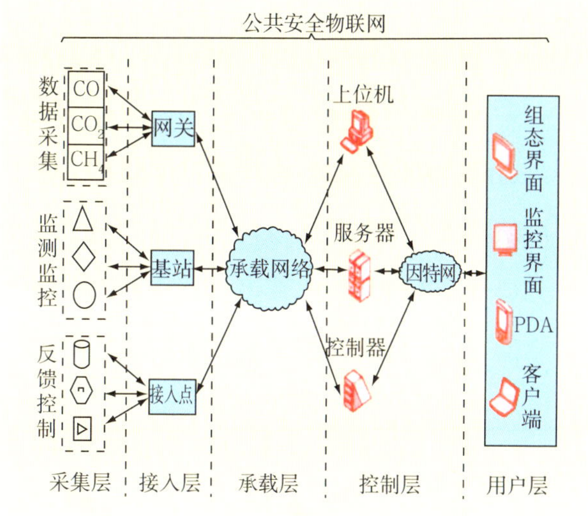

公共安全物联网

前些年在数字城市建设中，已建设了一些针对特定应用的物联网子系统，今后应当将它们扩展、提升、整合，实现资源共享，建成覆盖多领域应用的统一管理、控制、运营的一体化物联网，达到“感知城市”的目标。

物联网和云计算是密切相关的。一方面，大规模物联网必然要依托云计算平台，它相当于物联网的“大脑”，它接受物联网众多设备传来的信息，通过处理后，再控制和管理这些物联网设备，实现特定的服务。另一方面，随着云计算的发展，它的服务领域正在不断扩大，毫无疑问，云计算的高级阶段将具有物联网服务能力。

近年来，随着我国科学技术的发展，物联网技术已经在不同行业得到广泛应用。当突发自然灾害时，物联网技术可以有效地实现对人、物体的识别跟踪、定位监控、追溯记录，为搜救抢险赢得时间。

比如，灾难发生后，一旦有人被埋于废墟、陷入火海或掉入水中，其身上的智能电子标签就会发出无线电信息（如身在何处，周边环境状况等），而布置在太空中的全球卫星导航系统、高精度卫星遥感就会接收这些信息，并把这些信息传到附近的110指挥中心或其他部门进行处理。

灾区的海量信息由卫星收集，通过物联网发回地面控制中心并可实时刷新。通过物联网传递的海量信息都放在“云”上统一管理和调度，通过不断提高的“云”的处理能力，可以减少用户终端的处理负担，最终使用户终端简化成一个单纯的输入输出设备，并按需使用“云”的强大计算处理能力和检索能力，比如统计多少人存活，多少人遇难，所处准确方位，等等。

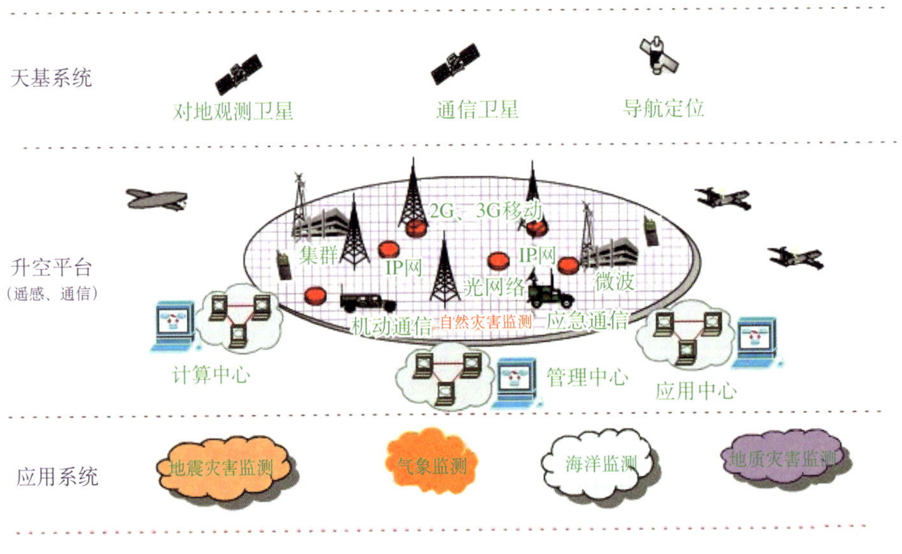

有了物联网，救灾变简单了

以往大的灾害发生后，都要派出很多飞机、船只、人员进行搜救，但是由于不能实时了解灾害发生的情况以及受害人的周边环境和存活情况，造成该用的设备不到位，带去的设备用不着，有时搜寻难度很大，还会带来营救人员的不必要伤亡；且搜救效率低下，极有可能错过最佳营救时间。而一旦引入物联网，它与生俱来的这种实时的特性正好迎合了这种要求，搜寻难度将会大为降低，很多问题也会迎刃而解，把人民群众的生命财产损失降低到最小成为可能。

毫无疑问，物联网技术可以有效地协助我们降低地震以及其他自然灾害带来的损失。利用物联网技术提高防灾减灾的能力，将是物联网新兴战略产业的重要使命之一，也将是“互联网+地震”事业的一个重要发展方向。

当然，要想真正发挥“互联网+地震”的威力，从正确的理念到正确的行动，我们都还有很长的路要走。

科技 · 创新